Yosr Kadri
Ons Haddad
Khouloud Ben Youssef

O Universo das Infecções Bacterianas em Nefrologia

Yosr Kadri
Ons Haddad
Khouloud Ben Youssef

O Universo das Infecções Bacterianas em Nefrologia

ScienciaScripts

Imprint

Any brand names and product names mentioned in this book are subject to trademark, brand or patent protection and are trademarks or registered trademarks of their respective holders. The use of brand names, product names, common names, trade names, product descriptions etc. even without a particular marking in this work is in no way to be construed to mean that such names may be regarded as unrestricted in respect of trademark and brand protection legislation and could thus be used by anyone.

Cover image: www.ingimage.com

This book is a translation from the original published under ISBN 978-620-6-72446-9.

Publisher:
Sciencia Scripts
is a trademark of
Dodo Books Indian Ocean Ltd. and OmniScriptum S.R.L publishing group

120 High Road, East Finchley, London, N2 9ED, United Kingdom
Str. Armeneasca 28/1, office 1, Chisinau MD-2012, Republic of Moldova, Europe
Printed at: see last page
ISBN: 978-620-8-31851-2

Conteúdo

1 INTRODUÇÃO

Atualmente, a doença renal crónica (DRC) é considerada uma das doenças mais graves do mundo.

A doença renal crónica é um verdadeiro problema de saúde na Tunísia. Em 2008, a prevalência da insuficiência renal crónica era de 734 por milhão de habitantes. Este valor tem vindo a aumentar de forma constante ao longo dos anos [1]. Os doentes com insuficiência renal crónica têm mais probabilidades de sofrer de uma doença cardíaca.

São particularmente vulneráveis às infecções. As infecções são a segunda principal causa de morte em doentes com doença renal crónica [2]. A imunodepressão é devida a uma diminuição da imunidade celular e humoral. A atividade dos linfócitos T e B, dos monócitos, dos macrófagos e de outras células do sistema imunitário é acentuadamente reduzida, dada a queda acentuada dos níveis de anticorpos [3]. A disfunção imunitária é proporcional à duração da insuficiência renal crónica.

Consequentemente, qualquer infeção bacteriana pode levar rapidamente a estados sépticos graves, que podem resultar na morte do doente. De facto, as infecções relacionadas com o cateter em doentes em hemodiálise, as infecções do trato urinário em doentes com cateter e a peritonite em doentes em diálise peritoneal são complicações comuns e podem causar bacteriemia potencialmente fatal.

Durante décadas, os antibióticos ajudaram os médicos a tratar infecções e a melhorar o prognóstico vital dos doentes. A utilização excessiva destas moléculas levou ao desenvolvimento de resistência bacteriana. Além disso, os biofilmes bacterianos, que são bactérias incorporadas numa matriz extracelular, têm a capacidade de sobreviver na presença de concentrações elevadas de antibióticos bactericidas e podem, por conseguinte, explicar o fracasso terapêutico. A resistência bacteriana é um importante problema de saúde pública, especialmente porque estes doentes são imunocomprometidos, têm cateteres intravenosos centrais permanentes ou fístulas arteriovenosas. Esta resistência está a aumentar constantemente e é responsável por uma morbilidade e mortalidade consideráveis [4]. A resistência bacteriana afectou várias famílias de antibióticos, levando ao aparecimento do conceito de multirresistência em 2012. Uma bactéria multirresistente (MRB) foi definida como a não sensibilidade a pelo menos um agente em três ou mais classes de antibióticos [5].

Vários factores têm sido incriminados na aquisição de uma BMR, como a insuficiência renal, um cateter central e o tempo de hospitalização [6].

Os dados sobre a ecologia bacteriana do departamento de nefrologia são muito limitados. Estão disponíveis poucos artigos sobre a resistência bacteriana em doentes com doença renal.

O objetivo do nosso trabalho é :

-Descrever o perfil epidemiológico da ecologia bacteriana do serviço de nefrologia: determinar a frequência das infecções bacterianas nos doentes em diálise (hemodiálise, diálise peritoneal) e identificar os germes responsáveis pelas infecções bacterianas,

J Estudar os perfis de resistência destes germes aos diferentes antibióticos e determinar

Isto permitir-nos-á melhorar a gestão dos doentes de nefrologia, adaptando a terapia antibiótica probabilística de acordo com a ecologia bacteriana encontrada.

1. Tipo de estudo

Realizámos um estudo retrospetivo descritivo e analítico no Centro Hospitalar Universitário de Sahloul, abrangendo todas as estirpes bacterianas não redundantes identificadas em todas as amostras colhidas no departamento de nefrologia (incluindo a unidade de internamento de nefrologia, a unidade de hemodiálise e a unidade de diálise peritoneal contínua) enviadas para o laboratório de microbiologia de janeiro de 2012 a dezembro de 2020, ou seja, um período de 9 anos.

2. Coleção de estirpes bacterianas :

Todas as estirpes bacterianas não redundantes isoladas a partir de amostras colhidas de doentes hospitalizados nas diferentes unidades do serviço de nefrologia (unidade de internamento de nefrologia, unidade de hemodiálise e unidade de diálise peritoneal contínua) e enviadas para o laboratório de microbiologia do CHU Sahloul.

As amostras foram divididas em grupos:
- ECBU
- Cultura de sangue
- Líquido peritoneal
- Equipamento: incluindo cateteres e cateteres urinários
- Coleção de pus superficial
- Amostragem profunda de pus
- Líquido de ascite
- Coprocultura
- Amostras respiratórias: incluindo expetoração e líquido broncoalveolar (BALF)
- Outras amostras: incluindo amostras vaginais, amostras uretrais, amostras bucais e biópsias.

Apenas as estirpes duplicadas foram incluídas nas nossas análises. De facto, para o mesmo doente, uma estirpe da mesma espécie bacteriana com o mesmo antibiótipo que uma estirpe já tida em conta durante um período inferior a 15 dias é considerada como um duplicado. As amostras com uma cultura de levedura positiva também foram descartadas.

3. Identificação bacteriana e estudo de
resistência aos antibióticos :

A identificação das bactérias foi efectuada de acordo com :
-Métodos convencionais: caraterísticas bacteriológicas, morfológicas, culturais, bioquímicas, enzimáticas e antigénicas.

J VITEK® 2 (bioMerieux, França).

O teste de suscetibilidade aos antibióticos foi realizado de acordo com as recomendações do Comité de l'Antibiogramme de la Societe Frangaise de Microbiologie (CA- SFM) de 2012 a 2013, e depois de acordo com as recomendações do Comité Europeu para o Teste de Suscetibilidade Antimicrobiana (CA-SFM/EUCAST) de 2014 a 2020 [7].

No nosso trabalho, considerámos as estirpes com resistência intermédia como sendo resistentes a este antibiótico. Assim, dividimos as nossas estirpes em duas categorias: ou são sensíveis a um antibiótico ou são resistentes. Uma bactéria é considerada multi-resistente (MDR) se for resistente a pelo menos três famílias de antibióticos [5].

Teste de sinergia: procura a produção de beta-lactamase de espetro alargado (ESBL) em enterobactérias.

O fenótipo ESBL é detectado no teste de suscetibilidade com discos de ceftazidima (30 iig) e cefotaxima (30 iig) colocados a uma distância de 20-30 mm (centro a centro) de um disco de amoxicilina/ácido clavulânico (20/10 ng). Após uma incubação de 24 h a 37°C, demonstraremos um claro aumento do diâmetro de inibição dos discos contendo cefalosporinas de terceira geração (C3G) em relação ao disco de ácido clavulânico/amoxicilina, sob a forma de uma "rolha de champanhe" para as estirpes produtoras de ESBL.

- Tiras E-test: para determinação das concentrações inibitórias mínimas (CIM)
- técnica de aglutinação para a deteção de PLP2a em estafilococos resistentes à meticilina (MRSA)
- utilização de discos combinados de carbapenem+EDTA, carbapenem+ácido borónico e carbapenem+ácido clavulânico para ajudar na identificação de carbapenemases

As concentrações inibitórias mínimas de colistina para bacilos Gram-negativos e de vancomicina e teicoplanina para estafilococos foram determinadas utilizando o método de microdiluição líquida (UMIC biocentric) introduzido no laboratório de microbiologia do Hospital Universitário Sahloul em 2019.

> **Recolha de dados :**

Foram extraídos todos os antibiogramas de amostras positivas da unidade de internação de nefrologia, da unidade de hemodiálise (HD) e da unidade de diálise peritoneal contínua (DPC) no período de 2012 a 2020. Esta extração foi feita a partir da base de dados do laboratório de microbiologia Sahloul. (software SIR-Scan e SysLab).

As duplicações foram eliminadas manualmente.

Testes de suscetibilidade aos antibióticos para 2015 na sequência de um problema de arquivo no laboratório.

Os dados recolhidos para cada estirpe foram :

o O serviço requerente: Nefrologia, unidade HD, unidade CPD

o A data da amostra

o Tipo de amostra: ECBU, hemocultura, fluido de punção, pus profundo, pus superficial, etc.

o Germe isolado: *Escherichia coli, Klebsiella pneumoniae, Entreococcus faecalis, etc.*

o O nível de resistência de cada antibiótico testado: sensível ou resistente (intermédio ou resistente).

> **Análise estatística dos dados :**

Todos os dados foram analisados com recurso ao software SPSS versão 21. Os resultados foram apresentados sob a forma de gráficos, percentagens e tabelas.

A base de dados recolhida a partir do software SIR-Scan para os anos de 2012 a 2017 foi aberta e organizada no Microsoft Excel e posteriormente processada pelo software SPSS.

Os dados relativos ao período de 2018 a 2020 foram transcritos manualmente para um formulário de recolha de dados utilizando o software SysLab e depois transferidos para Excel e SPSS.

4. Estudo descritivo

A unidade estatística definida no nosso estudo é uma estirpe bacteriana.

As variáveis qualitativas foram resumidas por frequências absolutas e relativas. Foram calculadas estatísticas globais de resistência para as principais espécies de interesse médico. Para uma determinada espécie bacteriana, a percentagem de resistência a um antibiótico foi calculada dividindo o número de bactérias não susceptíveis pelo número de bactérias testadas para esse antibiótico.

5. Estudo analítico

Foi efectuado o teste do Qui-quadrado:

- Comparar as alterações na prevalência de BMRs em nefrologia entre os dois períodos: antes de 2016 e depois de 2016

- A diferença é significativa se o valor de p for inferior a 0,05 (p<0,05).

6. Considerações éticas

Para além do anonimato, não houve considerações éticas específicas para o nosso trabalho.

I. Número de isolados por ano

Foi isolado um total de 2851 estirpes ao longo de um período de 9 anos, de 2012 a 2020. A prevalência manteve-se estável (0,11) nos últimos quatro anos do estudo. **Ver Quadro I**

Quadro I: Incidência anual de infecções documentadas no departamento de nefrologia

Ano	2012	2013	2014	2015	2016	2017	2018	2019	2020
Número de amostras positivas	321	302	300	366	363	335	360	329	175
Número total de amostras						3304	3114	2582	1846
Incidência						0,10	0,12	0,13	0,09

As bactérias foram isoladas principalmente da unidade de internamento de nefrologia (n=2363, 83%). O número de estirpes recolhidas nas diferentes unidades é apresentado na **Figura 1**.

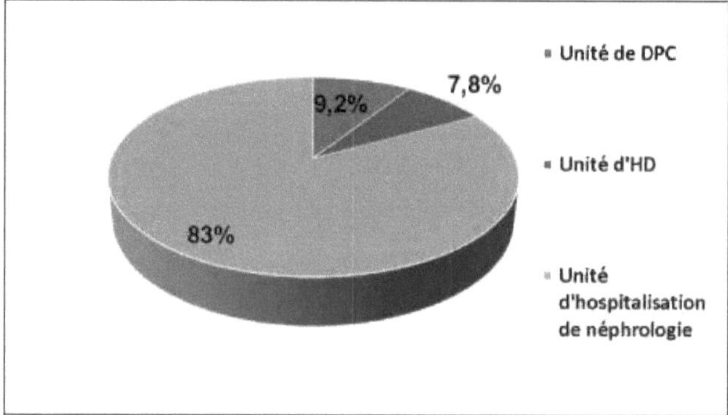

Figura 1: Distribuição dos isolados por unidade de nefrologia

O número de bactérias identificadas variou de 134 a 302 na unidade hospitalar de nefrologia. A distribuição do número anual de isolados por unidade hospitalar é **apresentada na Figura 2.**

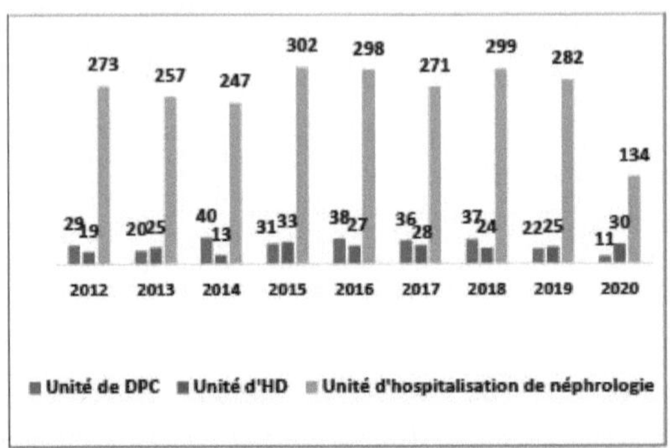

Figura 2: Variação anual do número de isolados nas diferentes unidades do departamento de nefrologia

II. Distribuição dos germes por amostra

As estirpes isoladas provinham principalmente de exames citobacteriológicos de urina (ECBU) (n=1890, **66,3%**), seguidos de hemoculturas (n= 403, **14,1%**), fluidos peritoneais (n=181, **6,3%**), material (n=163, 5,7%) e amostras superficiais de pus (n=150, **5,3%**). Ver Quadro II

Quadro II: Distribuição das bactérias por local de amostragem

Local de recolha	Número	Percentagem
ECBU	1890	66,3
Cultura de sangue	403	14,1
Líquido peritoneal	181	6,3
Equipamento	163	5,7
Coleção de pus superficial	150	5,3
Amostragem profunda de pus	19	0,7
Líquido de ascite	17	0,6
Coprocultura	15	0,5
Amostragem respiratória	8	0,3
Outros	5	0,2
Total	2851	100%

*: 2 esfregaços vaginais, 1 esfregaço uretral, 1
Esfregaço bucal e 1 biópsia

111. Distribuição dos germes por género e espécie

Das 2851 estirpes, foram isoladas 1893 bactérias Gram-negativas (66,4%) e 958 bactérias Gram-positivas (33,6%).

A maioria dos germes isolados foram enterobactérias (n=1635, 57,3%) seguidas de cocos Gram-positivos (n=950, 33,3%). **Ver Fig. 3**

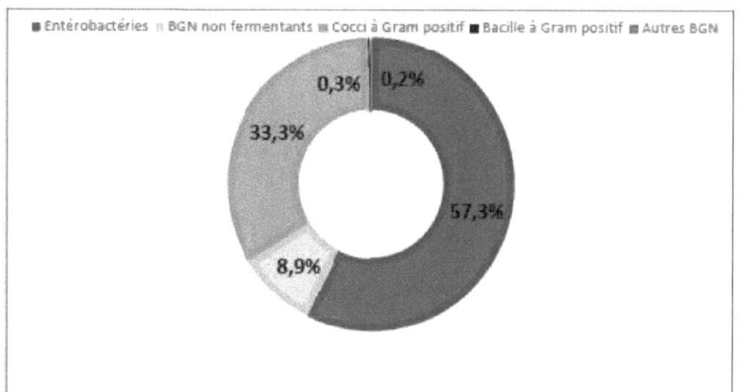

Figura 3: Distribuição das bactérias isoladas no departamento de nefrologia

No nosso estudo, foram isoladas 810 estirpes de *Escherichia coli* (28,4%), 537 estirpes de *Klebsiella pneumoniae* (18,8%) e 425 estirpes de *Staphylococcus aureus* (14,9%). (Ver quadro III)

Tabela III: Distribuição das bactérias isoladas por género e espécie

Germe	Número	Percentagem	
Bacilos Gram-negativos (GNB)			
Entërobactëries			
Escherichia coli	810		28,4
Klebsiella pneumoniae	537		18,8
Enterobacter cloacae	90	3,2	
Klebsiella oxytoca	35	1,2	
Morganella morganii	31	1,1	
Citrobacter koseri	30	1,1	
Enterobacter aerogenes	20	0,7	
Serratia marcescens	19	0,7	
Proteus mirabilis	16	0,6	
Salmonella sp	13	0,5	
Citrobacter spp	13	0,5	
Proteus sp	05	0,2	
Providencia sp	05	0,2	
Serratia sp	04	0,1	
Pantoea sp	03	0,1	
Raoultella planticola	03	0,1	
Enterobacter sp	01		0,04
BGN não fermentativo			
Pseudomonas aeruginosa	122	4,3	
Acinetobacter baumannii	54	1,9	
Stenotrophomonas maltophilia	38	1,3	
Pseudomonas sp	15	0,5	
Burkholderia cepacia	08	0,3	
Aeromonas sp	04	0,1	
Acinetobacter sp	02	0,1	

Achromobacter xylosoxidans	02	0,1
Bacteroides sp	02	0,1
Sphingomonas paucimobilis	02	0,1
Elisabethkingia meningoseptica	02	0,1
Coronobacter sakazakii	01	0,04
Outros BGN		
Campylobacter sp	02	0,1
Haemophilus parainfluenzae	01	0,04
Actinobacillus sp	01	0,04
Actinobacter sp	01	0,04
Prevotella sp	01	0,04
Cocos Gram-positivos		
Estafilococos		
Staphylococcus aureus	425	14,9
Estafilococos coagulase-negativos		
Staphylococcus epidermidis	45	1,6
Staphylococcus haemolyticus	11	0,4
Staphylococcus hominis	07	0,2
Staphylococcus saprophyticus	02	0,1
Staphylococcus capitis	01	0,04
Staphylococcus caprae	01	0,04
Staphylococcus simulans	01	0,04
Staphylococcus warneri	01	0,04
Estreptococos		
Streptococcus agalactiae	55	1,9
Streptococcus sp	23	0,8
Streptococcus pyogenes	14	0,5
Peptostreptococcus sp	01	0,04
Enterococos		
Enterococcus faecalis	253	8,9
Enterococcus faecium	104	3,6
Enterococcus sp	06	0,2
Bacilos Gram-positivos		
Corynebacterium sp	06	0,2
Brevibacterium casei	01	0,04
Nocardia sp	01	0,04
Total	2851	100%

IV. Distribuição dos germes mais frequentemente isolados em

função da amostra

J Escherichia coli foi o primeiro germe isolado na urina (n=712,37,6%) e o segundo em hemoculturas positivas (n=42,10,4%).

J Staphylococcus aureus foi a primeira bactéria isolada de amostras de pus

10

superficial (n=97, 64%), hemoculturas (n=198, 49,1%) e culturas de líquido peritoneal (n=43, 23,2%).**ver Figura 4.**

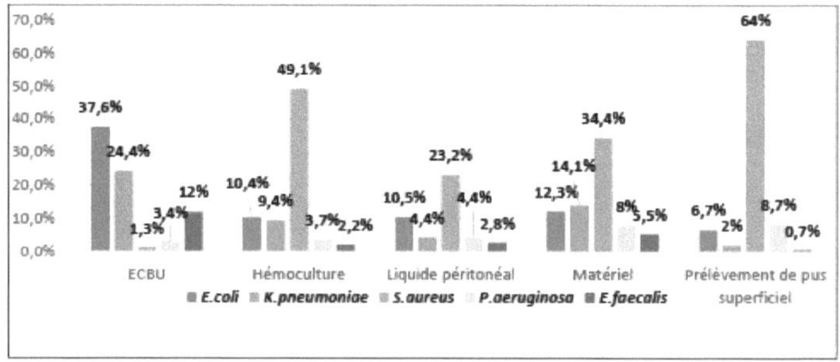

Figura 4: Distribuição das bactérias mais frequentes de acordo com a amostra recolhida

V. Epidemiologia das infecções por unidade

1. Unidade de internamento de nefrologia

o **Repartição por local de amostragem :**

Durante o período de estudo, foram recolhidas 2363 estirpes na unidade de internamento de nefrologia. A maioria das bactérias isoladas no nosso estudo provinha da ECBU (n=1762, 74,6%), seguida das hemoculturas (n=308, 13%).**Ver tabela IV.**

Quadro IV: Repartição das infecções na unidade de internamento de nefrologia, por local de amostragem

Local de recolha	Número	Percentagem
ECBU	1762	**74,6**
Cultura de sangue	308	**13**
Equipamento	140	**6,9**
Coleção de pus superficial	64	**2,7**
Líquido peritoneal	33	**1,4**
Líquido de ascite	16	0,7
Coprocultura	14	**0,6**
Amostragem profunda de pus	13	0,6
Amostragem respiratória	08	**0,3**
Outros	05	0,2
TOTAL	**2363**	**100**

o **Distribuição de acordo com o germe isolado:**

No departamento de nefrologia, 71% das bactérias isoladas eram gram-negativas e 29% gram-positivas. Aproximadamente 62,3% das nossas estirpes isoladas eram enterobactérias e 29% eram cocos gram-positivos. Ver figura 5

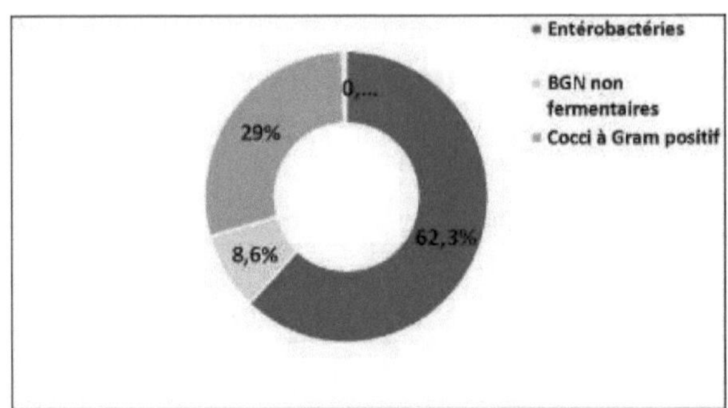

Figura 5: Distribuição das bactérias isoladas na unidade de internamento de nefrologia

A Escherichia coli (n=734, 31,1%) foi a bactéria mais isolada na unidade de internamento de nefrologia, seguida da *Klebsiella pneumoniae* (n=501, 21,2%) e do *Staphylococcus aureus* (n=244, 10,3%). **Ver quadro V**

Tabela V: Distribuição das bactérias isoladas na unidade hospitalar de nefrologia por género e espécie

Germe	Número	Percentagem
Bacilos Gram-negativos		
Entbrobactbries		
Escherichia coli	734	31,1
Klebsiella pneumoniae	501	21,2
Enterobacter cloacae	74	3,1
Morganella morganii	29	1,2
Klebsiella oxytoca	27	1,1
Citrobacter koseri	24	1
Enterobacter aerogenes	18	0,8
Serratia marcescens	15	0,6
Proteus mirabilis	15	0,6
Salmonella sp	12	0,5
Citrobacter sp	12	0,5
Providencia sp	04	0,2
Serratia sp	04	0,2
Pantoea sp	02	0,1
Raoultella planticola	01	0,04
Proteus sp	01	0,04
BGN não fermentativo		
Pseudomonas aeruginosa	104	4,4
Acinetobacter baumannii	48	2
Stenotrophomonas maltophilia	26	1,1
Burkholderia cepacia	08	0,3
Pseudomonas sp	06	0,3
Aeromonas hydrophilia	02	0,1
Bacteroides sp	01	0,04

Sphingomonas paucimobilis	01	0,04
Acinetobacter sp	01	0,04
Outros BGN		
Campylobacter sp	02	0,1
Haemophilus parainfluenzae	01	0,04
Actinobacillus sp	01	0,04
Actinobacter sp	01	0,04
Prevotella sp	01	0,04
Cocos Gram-positivos		
Estafilococos		
Staphylococcus aureus	244	10,3
Estafilococos coagulase-negativos		
Staphylococcus epidermidis	15	0,6
Staphylococcus haemolyticus	08	0,3
Staphylococcus hominis	05	0,2
Staphylococcus saprophyticus	02	0,1
Staphylococcus caprae	01	0,04
Estreptococos		
Streptococcus agalactiae	47	2
Streptococcus sp	11	0,5
Streptococcus pyogenes	06	0,3
Enterococos		
Enterococcus faecalis	238	10,1
Enterococcus faecium	103	4,4
Enterococcus sp	05	0,2
Bacilos Gram-positivos		
Corynebacterium sp	01	0,04
Nocardia sp	01	0,04
Total	2363	100%

o **Distribuição dos germes mais frequentemente isolados de acordo com a coleção :**

Um total de 1253 enterobactérias (71,1%) foram isoladas da ECBU no hospital de nefrologia. *A Escherichia coli* foi o primeiro germe isolado da urina (n=656, 37,2%), seguida da *Klebsiella pneumoniae* (n=432, 24,5%) e *da E.faecalis* (n=223, 12,6%). No caso das hemoculturas, o Staphylococcus aureus estava em maioria (n=140, 45,4%), seguido da *Escherichia coli* (n=37, 12%) e *da Klebsiella pneumoniae* (n=37, 12%) **(ver Figura 6).**

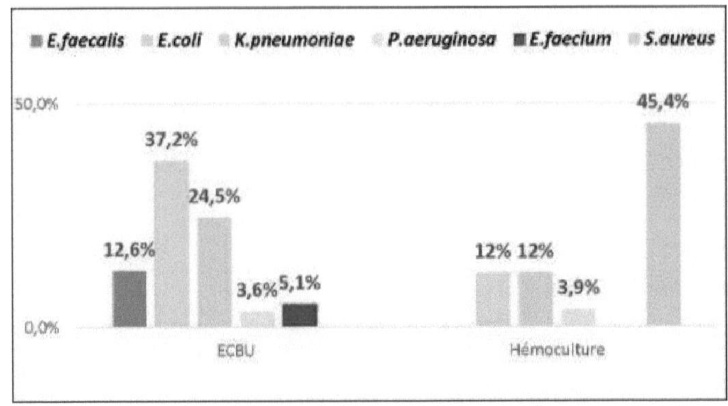

Figura 6: Repartição das bactérias mais frequentes de acordo com a amostra recolhida na unidade de internamento de nefrologia

2. Unidade de diálise (HD)

o **Distribuição de acordo com o local de amostragem :**

Durante o período de estudo, foram recolhidas 224 estirpes na unidade de hemodiálise. A maioria das estirpes foi isolada da ECBU (n= 84, 37,5%) e de hemoculturas (n=83, 37,1%).**Ver quadro VI.**

Quadro VI: Repartição das infecções na unidade HD por local de amostragem

Local de recolha	Número	Percentagem
ECBU	84	37,5
Cultura de sangue	83	37,1
Coleção de pus superficial	32	14,3
Equipamento	20	8,9
Líquido peritoneal	3	1,3
Amostragem profunda de pus	2	0,9
TOTAL	224	100

o **Distribuição de acordo com o germe isolado:**

Na unidade de hemodiálise, 56,7% das bactérias isoladas eram gram-positivas e 43,3% eram gram-negativas. Cerca de 55,8% das bactérias isoladas foram cocos gram-positivos. As Enterobacteriaceae ficaram em segundo lugar (n=88, 39,3%).**ver figura 6.**

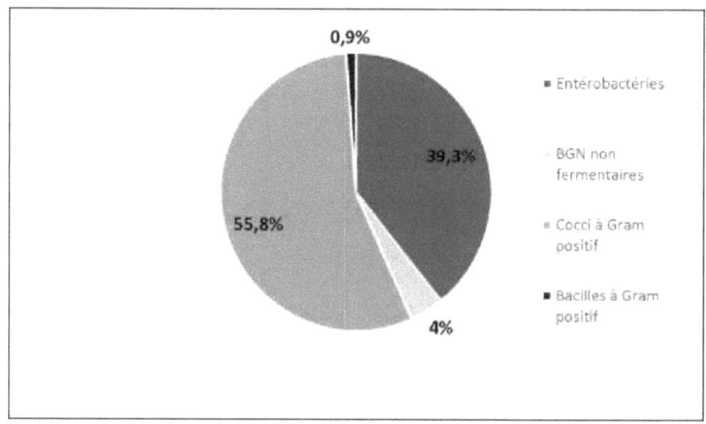

Figura 7: Distribuição das bactérias isoladas na unidade de HD

O *Staphylococcus aureus* (n=87, 38,8%) foi a bactéria mais prevalente na unidade de HD, seguido da *Escherichia coli* (n=39, 17,4%). **Ver tabela VII**

Tabela VII: Distribuição das bactérias isoladas na unidade de HD por género e espécie

Germe	Número	Percentagem
Cocos Gram-positivos		
Estafilococos		
Staphylococcus aureus	87	38,8
Estafilococos coagulase-negativos		
Staphylococcus epidermidis	14	6,3
Staphylococcus hominis	01	0,4
Staphylococcus simulans	01	0,4
Estreptococos		
Streptococcus agalactiae	05	2,2
Streptococcus sp	02	0,9
Streptococcus pyogenes	07	3,1
Enterococos	08	3,6
Enterococcus faecalis		
Bacilos Gram-negativos		
Enterobactérias		
Escherichia coli	39	17,4
Klebsiella pneumoniae	21	9,4
Enterobacter cloacae	07	3,1
Klebsiella oxytoca	06	2,7
Morganella morganii	02	0,9
Citrobacter koseri	02	0,9
Enterobacter aerogenes	02	0,9
Serratia marcescens	02	0,9
Proteus mirabilis	01	0,4
Citrobacter sp	010	,4
Proteus sp	031	,3

Providencia sp	010 ,4
Enterobacter sp	010 ,4
BGN não fermentativo	041 ,8
Pseudomonas aeruginosa	010 ,4
Acinetobacter baumannii	010 ,4
Aeromonas sp	020,9
Achromobacter xylosoxidans	010 ,4
Bacteroides sp	
Bacilos Gram-positivos	
Corynebacterium sp	020,9
Total	224 100%

A análise das ECBU dos doentes em hemodiálise durante o período do nosso estudo mostrou um predomínio de enterobactérias, essencialmente *Escherichia coli* (n=34, 40,5%) seguida de *Klebsiella pneumoniae* (n=19, 22,6%). O perfil bacteriológico das hemoculturas revelou um predomínio de *Staphylococcus aureus* (n=51, 61,5%) seguido de *Staphylococcus epidermidis* (n=10, 12%). **Ver figura 8**

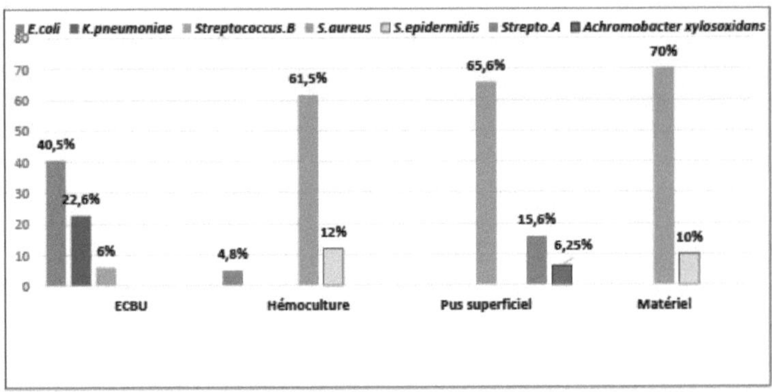

Figura 8: Distribuição das bactérias mais frequentemente isoladas em função da amostragem na unidade HD

3. Unidade de diálise peritoneal contínua (CPD)

o **Repartição por local de amostragem :**

Durante o período do nosso estudo, foram recolhidos 264 isolados. A maioria das nossas estirpes foi isolada de amostras de líquido peritoneal (n=145, 54,9%), seguidas de amostras de pus superficial (n=54, 20,5%) e de outras amostras detalhadas no **Quadro VIII**.

Quadro VIII: Repartição das infecções na unidade DPC por local de amostragem

Local de recolha	Número	Percentagem
Líquido peritoneal	145	54,9
Coleção de pus superficial	54	20,5

ECBU	44	16,7
Cultura de sangue	12	4,5
Amostragem profunda de pus	4	1,5
Equipamento	3	1,1
Líquido de ascite	1	0,4
Coprocultura	1	0,4
TOTAL	264	100

o **Distribuição de acordo com o germe isolado:**

Na unidade de diálise peritoneal, 55% das bactérias isoladas eram Gram-positivas e 45% eram Gram-negativas.

A maioria dos isolados eram cocos gram-positivos (53%), seguidos de enterobactérias (28%). **Ver figura 9**

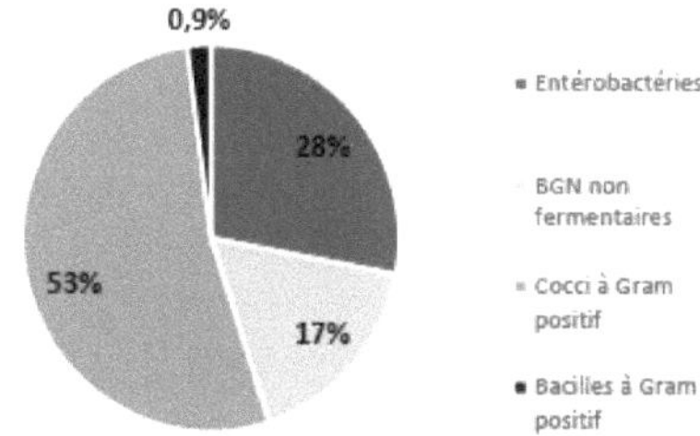

Figura 9: Distribuição das bactérias isoladas na unidade DPC

Na unidade de diálise peritoneal, *Staphylococcus aureus* (n=97, 35,6%) foi a bactéria mais isolada, seguida de *Escherichia coli* (n=37, 14%) e *Staphylococcus epidermidis* (n=16, 6,1%). **Ver quadro IX**

Tabela IX: Distribuição das bactérias isoladas na unidade DPC por género e espécie

Germe	Número	Percentagem
Cocos Gram-positivos		
Estafilococos		
Staphylococcus aureus	94	35,6
Estafilococos coagulase-negativos		
Staphylococcus epidermidis	16	6,1
Staphylococcus haemolyticus	03	1,1
Staphylococcus hominis	01	0,4
Staphylococcus capitis	01	0,4
Staphylococcus warneri	01	0,4
Estreptococos		
Streptococcus agalactiae	03	1,1
Streptococcus sp	10	3,8
Streptococcus pyogenes	01	0,4
Peptostreptococcus sp	01	0,4

Enterococos		
Enterococcus faecalis	07	2,7
Enterococcus faecium	01	0,4
Enterococcus sp	01	0,4
Bacilos Gram-negativos		
Enterobactérias		
Escherichia coli	37	14
Klebsiella pneumoniae	15	5,7
Enterobacter cloacae	09	3,4
Citrobacter koseri	04	1,5
Klebsiella oxytoca	02	0,8
Serratia marcescens	02	0,8
Raoultella planticola	02	0,8
Salmonella sp	01	0,4
Proteus sp	01	0,4
Pantoea sp	01	0,4
BGN não fermentativo		
Pseudomonas aeruginosa	14	5,3
Stenotrophomonas maltophilia	12	4,5
Pseudomonas sp	09	3,4
Acinetobacter baumannii	05	1,9
Elisabethkingia meningoseptica	02	0,8
Aeromonas sp	01	0,4
Sphingomonas paucimobilis	01	0,4
Coronobacter sakazakii	01	0,4
Bacilos Gram-positivos		
Corynebacterium sp	03	1,1
Brevibacterium casei	02	0,8
TOTAL	264	100%

Na DPC, *o Staphylococcus aureus* foi a bactéria mais isolada no líquido peritoneal, no pus superficial e nas hemoculturas. *A Escherichia coli* foi a bactéria mais comum nas culturas positivas da ECBU. **Ver quadro X**

Tabela X: Distribuição das bactérias mais frequentemente isoladas de acordo com a amostragem na unidade DPC

Local de recolha	Bactérias isoladas
Líquido peritoneal	*S.aureus* 23,4% *E.coli* 10.3 *S.epidermidis* 9%
Mais superficial	*S.aureus* 85,2% *P.aeruginosa* 11,1%
ECBU	*E.coli* 47,7 *K. pneumoniae* 22,7%
Cultura de sangue	*S.aureus* 58,3% *E.coli* 8,3% *S.epidermidis* 8,3%

As bactérias isoladas do líquido peritoneal de doentes admitidos na unidade
DPC são **apresentadas na Figura 10.**

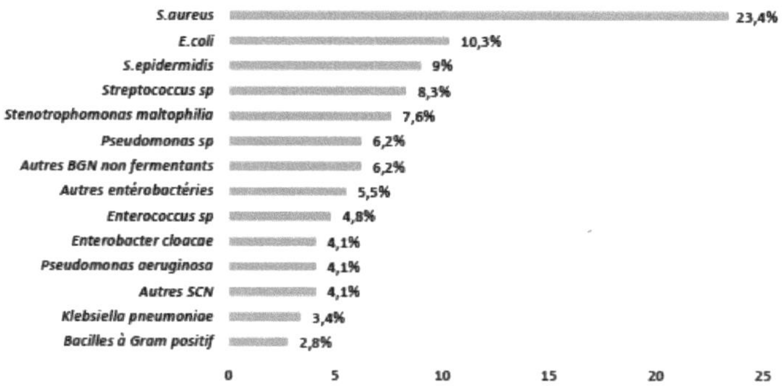

Figura 10: Distribuição das bactérias isoladas do líquido peritoneal na unidade DPC

VI. Resistência aos antibióticos nas principais bactérias

1. Enterobactérias

o *Escherichia coli :*

A resistência *da Escherichia coli* à amoxicilina foi de cerca de 82,2%, e à
combinação de amoxicilina e ácido clavulânico foi de 54,6%. Relativamente às
fluoroquinolonas, a resistência à ciprofloxacina foi de 47,8%. Todas as estirpes
de E. coli eram sensíveis à colistina. **Ver quadro XI.**

Tableau XI: Estudo da resistência *da Escherichia coli* aos antibióticos

	AMX (n/N')	AMC (n/N')	CTX (n/N')	IMP (n/N')	ETI (n/N')	GN (n/N')	AMK (n/N')	CIP (n/N')	SXT (n/N')	Fos (n/N')	TC (n/N')
Total	595/724	395/724	248/723	2/715	14/714	155/713	63/722	346/724	383/699	13/673	0/356
N=724	(82,2%)	(54,6%)	(34,3%)	(0,3%)	(2%)	(21,7%)	(8,7%)	(47,8%)	(54,8%)	(1,9%)	(0%)

AMX: Amoxicilina; AMC: Ácido amoxicilina-clavulânico; CTX: Cefotaxima; IMP: Imipeneme ;
AMK: Amicacina; CIP: Ciprofloxacina; SXT: Cotrimoxazol; Fos: Fosfomicina; CT: Colistina

o *Klebsiella pneumoniae :*

A resistência da *Klebsiella pneumoniae* à amoxicilina-ácido clavulânico e à
ciprofloxacina foi de 61% e 59,5%, respetivamente. Cerca de 2,4% das estirpes
eram resistentes à colistina. **Ver quadro XII**

Tableau XII: Estudo da resistência da *K. pneumoniae* aos antibióticos

	AMC (n/N')	CTX (n/N')	IMP (n/N')	ETI (n/N')	GN (n/N')	AMK (n/N')	PCI (n/N')	SXT (n/N')	Fos (n/N')	TC (n/N')
Total	277/454	274/452	54/449	92/448	175/450	54/452	256/446	230/433	26/446	6/254
N=724	(61%)	(60,6%)	(12%)	(20,5%)	(38,9%)	(11,9%)	(59,4%)	(53,1%)	(5,8%)	(2,4%)

AMC: Ácido amoxicilina-clavulânico; CTX: Cefotaxima; IMP: Imipeneme; ETP: Ertapeneme; GN:
Gentamicina; AMK: Amicacina; CIP: Ciprofloxacina; SXT: Cotrimoxazol; Fos: Fosfomicina; CT:

2. Staphylococci

o *Staphylococcus aureus* :

A resistência *do Staphylococcus* aureus à penicilina G foi de 89,7%. A resistência à eritromicina e à lincomicina foi de 11,8% e 1,4%, respetivamente.

Ver quadro XIII

Quadro XIII: Estudo da resistência de S.aureus aos antibióticos

	PG (n/N')	OXA (n/N')	KAN (n/N')	GN (n/N')	ERY (n/N')	LNC (n/N')	PTN (n/N')	OFX (n/N')	TEC (n/N')	SXT (n/N')	AF (n/N')
Total N=369	331/369 (89,7%)	48/369 (13%)	49/368 (13,3%)	10/367 (2,7%)	42/355 (11,8%)	5/363 (1,4%)	0/355 (0%)	12/360 (53,1%)	4/324 (1,2%)	5/363 (1,3%)	71/369 (19,2%)

PG: Penicilina G; OXA: Oxacilina; KAN: Canamicina; GN: Gentamicina; ERY: Eritromicina; LNC: Lincomicina;

PTN: Pristinamicina; OFX: Ofloxacina; TEC: Teicoplanina; SXT: Cotrimoxazol; AF : Ácido fusídico

3. *Pseudomonas* sp

o *Pseudomonas aeruginosa* :

A resistência da *Pseudomonas aeruginosa* à ticarcilina e à combinação de ticarcilina e ácido clavulânico foi de 45,6% e 36,8%, respetivamente. Relativamente às fluoroquinolonas, a resistência à ciprofloxacina foi de 27,7%. Todas as estirpes isoladas de *P. aeruginosa* foram sensíveis à colistina. **Ver quadro XIV**

Quadro XIV: Estudo da resistência de *P. aeruginosa* aos antibióticos

	TIC (n/N')	TCC (n/N')	PIP (n/N')	PIPTZ (n/N')	CAZ (n/N')	IMP (n/N')	CIP (n/N')	AMK (n/N')	Fos (n/N')	TC (n/N')
Total N=101	42/92 (45,6%)	32/87 (36,8%)	24/98 (24,5%)	15/98 (15,3%)	14/97 (14,4%)	8/100 (8%)	28/101 (27,7%)	8/101 (7,9%)	6/51 (11,8%)	0/53 (0%)

TIC: Ticarcilina; TCC: Ticarcilina-Ácido clavulânico; PIP: Piperacilina; PIPTZ: Piperacilina-Tazobactam; CAZ: Ceftazidima; IMP: Imipenem; CIP: Ciprofloxacina; AMK: Amicacina; Fos: Fosfomicina; CT: Colistina

4. *Acinetobacter baumannii*

A resistência do *A.baumannii* à ticarcilina e à combinação de ticarcilina e ácido clavulânico foi de 77,5% e 80,5%, respetivamente. A resistência à piperacilina e ao tazobactam foi de 72,4%. **Ver quadro XV**

Quadro XV: Estudo da resistência de *A.baumannii* aos antibióticos

	TIC (n/N')	TCC (n/N')	PIP (n/N')	PIPTZ (n/N')	CAZ (n/N')	IMP (n/N')	CIP (n/N')	AMK (n/N')	SXT (n/N')	TC (n/N')
Total N= 38	31/40 (77,5%)	29/36 (80,5%)	26/32 (81,2%)	21/29 (72,4%)	27/34 (79,4%)	16/40 (40%)	33/40 (82,5%)	21/40 (52,5%)	19/38 (50%)	0/30 (0%)

TIC: Ticarcilina; TCC: Ticarcilina-Ácido clavulânico; PIP: Piperacilina; PIPTZ: Piperacilina-Tazobactam; CAZ: Ceftazidima; IMP: Imipenem; CIP: Ciprofloxacina; AMK: Amicacina; CT: Colistina

5. Enterococos

o *Enterococcus faecalis* :

A resistência do *Enterococcus faecalis* à ampicilina foi de 2%. A resistência à eritromicina foi de 88,1%. Aproximadamente 2% das estirpes eram resistentes aos glicopeptídeos. **Ver quadro XVI**

Tableau XVI:Estudo da resistência global aos antibióticos em *E. faecalis*

	AMP (n/N')	ERY (n/N')	LEV (n/N')	GN (n/N')	KAN (n/N')	FURGÃO (n/N')	TEC (n/N')	SXT (n/N')	RIF (n/N')	FOS (n/N')
Total N= 210	3/152 (2%)	185/210 (88,1%)	19/190 (55,9%)	117/153 (76,5%)	128/153 (83,7%)	2/204 (2%)	4/210 (1,9%)	122/201 (60,7%)	31/157 (19,7%)	93/162 (57,4%)

AMP: Ampicilina; ERY: Eritromicina; LEV: Levofloxacina; GN: Gentamicina; VAN: Vancomicina; TEC: Teicoplanina; SXT: Cotrimoxazol; RIF: Rifamicina; FOS: Fosfomicina

o *Enterococcus faecium* :

A resistência do *Enterococcus faecium* à eritromicina e à lincomicina foi de 96,2% e 88,5%, respetivamente. A resistência aos glicopeptídeos foi de 25,4%. **Ver quadro XVII**

Tableau XVII: **Estudo da resistência global aos antibióticos em *E. faecium***

	ERY (n/N')	LNC (n/N')	PTN (n/N')	LEV (n/N')	GN (n/N')	KAN (n/N')	FURGÃO (n/N')	TEC (n/N')	SXT (n/N')	RIF (n/N')
Total N= 80	76/79 (96,2%)	46/52 (88,5%)	4/65 (6,2%)	24/60 (40%)	44/47 (93,6%)	61/61 (100%)	12/69 (17,4%)	20/79 (25,4%)	58/61 (95,1%)	37/47 (78,7%)

ERY: Eritromicina; LNC: Lincomicina; PTN: Pristinamicina; LEV: Levofloxacina; GN: Gentamicina; KAN: Canamicina; VAN: Vancomicina; TEC: Teicoplanina; SXT: Cotrimoxazol; RIF: Rifamicina

VII. Prevalência de bactérias multi-resistentes no departamento de nefrologia

Entre as 2851 estirpes isoladas em nefrologia, foram encontradas 688 bactérias multirresistentes, representando 24,1% dos isolados. A taxa de BGN multirresistentes no nosso estudo foi de 21,5% (n=614). **Ver Tabela XIX**

Tableau XVIII: **Prevalência de BMR**

BMR	N	N'	Prevalência
EntRC3G	457	1464	31,2%
ERC	126	1454	8.7%
ERG	25	304	8,2%
ABRIGO	16	40	40%
PseudoCAZR	15	112	13,4%
MRSA	49	380	12,9%

N: Número de estirpes multi-resistentes; N': Número total de estirpes

VIII. Distribuição da BMR isolada no serviço de nefrologia

No departamento de nefrologia, 457 estirpes isoladas de enterobactérias (31,2%) eram resistentes aos C3Gs e apenas 126 estirpes eram resistentes aos carbapenemes (8,7%). Relativamente ao *S.aureus*, 49 estirpes eram resistentes à meticilina (12,9%). Relativamente *ao Acinetobacter baumannii,* 16 estirpes eram resistentes ao imipenem (40%). Relativamente à *Pseudomonas* sp, a resistência à ceftazidima foi de 15,2% (n=15). A resistência dos enterococos aos glicopeptídeos foi de 8,2% (n=25). A distribuição destas BMR pelas diferentes unidades do departamento é pormenorizada **na figura 11.**

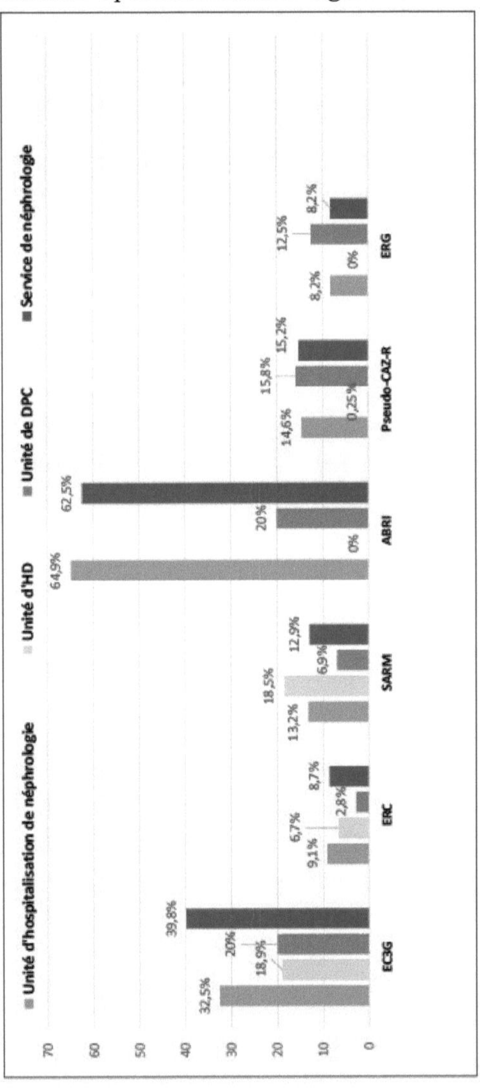

22

EC3G: Enteribactérias resistentes a cefalosporinas de terceira geração; ERC: enterobactérias resistentes a caɛbapënëmex ; MRSA: staphylococcus aureus lAsistente a mëbcИИne ; ABRI: Acinetobacter baumannii lResistente a Гmupënëme ; Pseudo-CAZ-R: Pseudomonas sp lResistente a cëftazidima ; ERG: Enterococci lResistente a glicopeptídeos

Figura 11: Distribuição da TMB nas diferentes unidades do serviço de nefrologia

VII. Evolução do número de BMR em nefrologia por ano

A evolução da resistência das enterobactérias à C3G durante o período do nosso estudo foi estável. A resistência aos carbapenemes nestas bactérias diminuiu para metade entre 2016 e 2017. **Ver figura 12**

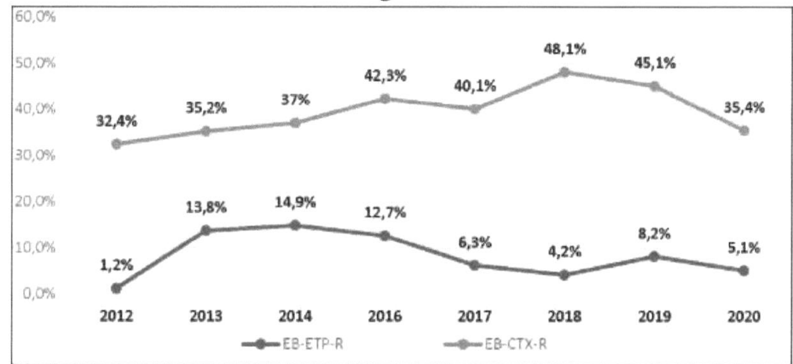

EB-CTX-R: Enterobactérias resistentes à cefotaxima; EB-ETP-R: Enterobactérias resistentes ao ertapenem.

Figura 12: Tendência anual global das enterobactérias resistentes aos C3G e carbapenemes

No que respeita à *Pseudomonas* sp, registou-se um aumento da taxa de resistência à ceftazidima após 2016. O número de ABRIs duplicou entre 2016 e 2018.

Ver figura 13

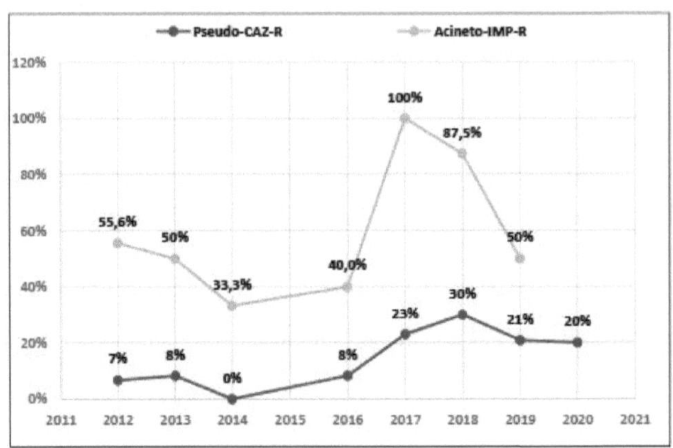

Pseudo-CAZ-R: Pseudomonas spp. resistentes à ceftazidima; Acineto-IMP-R: Acinetobacter baumannii resistente a imipenem

Figura 13: Tendências anuais da resistência de *Pseudomonas* sp à ceftazidima e de Acinetobacter baumannii ao imipenem.

***Acinetobacter baumannii* ao imipenem**

Os enterococos resistentes aos glicopeptídeos surgiram em 2016. O

A prevalência de MRSA triplicou de 2016 para 2017. **Ver figura 14**

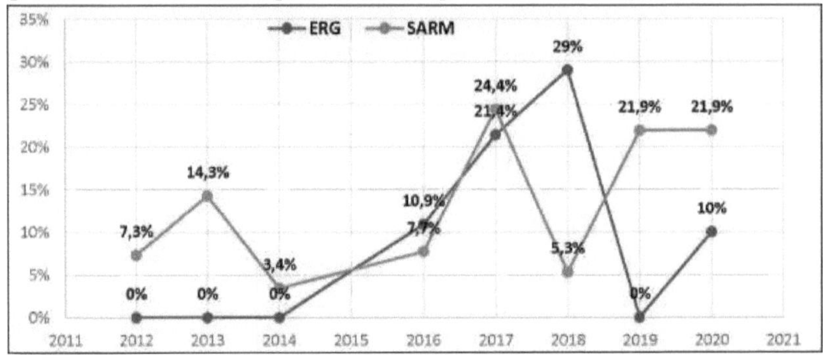

MRSA: Staphylococcus aureus resistente à meticilina; GREE: Enterococos resistentes a glicopeptídeos.

Figura 14: Tendências anuais da resistência à meticilina *em S. aureus* e aos glicopeptídeos em

enterococos aos glicopeptídeos

No entanto, a diferença na prevalência entre os dois períodos (antes e depois de 2016) foi estatisticamente significativa para os seguintes MRB: enterobactérias resistentes a C3G, enterococos resistentes a glicopeptídeos, MRSA e *P. aeruginosa* resistente a ceftazidima **(Quadro XIX).**

Quadro XIX: Tendências na prevalência da resistência antimicrobiana em nefrologia

	Período	Total	P

		Antes de 2016	Depois de 2016	(100%)	
Enterobactérias e C3G	Resistente	146 (31,9%)	311 (68,1%)	457	**<0.001**
	Sensível	1143 (47,7%)	1251 (52,3%)	2394	
Enterobactérias e Carbapenemes	Resistente	59 (46,8%)	67 (53,2%)	126	0.7
	Sensível	1230 (45,1%)	1495 (54,9%)	2725	
Enterococos e glicopeptídeos	Rësistente	25 0		25 (100%)	**<0.001**
	Sensível	1289 (45,6%)	1537 (54,4%)	2826	
***S.* aureuse meticilina**	Rësistente	9 (18,4%)	40 (81,6%)	49	**<0.001**
	Sensível	1280 (45,7%)	1522 (54,3%)	2802	
Acinetobacter baumanniie imipeneme	Rësistente	(43,8%)	(56,3%)	16	0.9
	Sensível	1282 (45,2%)	1553 (54,8%)	2835	
Pseudomonas sp e ceftazidima	Resistente	213 (13,3%)	(86,7%)	15	**0.013**
	Sensível	1287 (45,4%)	1549 (54,6%)	2836	

4 DISCUSSÃO

Os doentes nefrológicos são indivíduos frágeis, com vários factores de risco para desenvolver uma infeção bacteriana (imunodeficiência, transplante renal, hemodiálise, diálise peritoneal). De facto, este risco é cem vezes superior ao da população em geral. Esta complicação é a segunda principal causa de morte nestes doentes [8]. O objetivo do nosso trabalho é identificar os germes implicados nas infecções bacterianas no serviço de nefrologia, estudar os perfis de resistência destes germes aos diferentes antibióticos e determinar a frequência das infecções bacterianas nos doentes em diálise (hemodiálise, diálise peritoneal), a fim de melhorar a gestão dos doentes em nefrologia, adaptando a antibioterapia probabilística em função da ecologia bacteriana do serviço.

No nosso estudo, foram isoladas 2851 estirpes durante um período de janeiro de 2012 a dezembro de 2020. A maioria dos germes foi recolhida na unidade de internamento de nefrologia (n=2363, 83%), seguida da unidade de CPP (n=264, 9,2%) e da unidade de HD (n=224, 7,8%). A maioria dos isolados foi identificada na ECBU (n=1890, 66,3%), seguida das hemoculturas (n=403, 14,1%). Na unidade hospitalar de nefrologia, foram isolados n=1676 BGN de um total de 2363, uma taxa de 71%. Entre estes BGN, as enterobactérias estavam em maioria (n=1473, 61,3%). *A Escherichia coli* (n=734, 31,1%) ocupou o primeiro lugar, seguida da *Klebsiella pneumoniae* (n=501, 21,2%). Nas unidades de HD e DPC predominaram os cocos Gram-positivos (n=125 ou 55,8% em HD e n=140 ou 53% em DPC). O *Staphylococcus aureus* foi o principal germe encontrado na unidade de HD (n=87, 38,9%) e na unidade de CPD (n=94, 35,6%). Entre as 2851 estirpes isoladas na nefrologia, foram encontradas 688 bactérias multi-resistentes, representando 24,13% dos isolados. As enterobactérias resistentes aos C3G foram o tipo mais comum de MRB (n=457, 16%), seguidas das enterobactérias resistentes aos carbapenemes (n=126, 4,4%). Em terceiro lugar ficou o MRSA (n=49, 1,73%), seguido dos enterococos resistentes a glicopeptídeos (n=25, 0,9%), *A.baumannii* resistente a imipenem (n=16, 0,6%) e *Pseudomonas* sp. resistente a ceftazidima (n=15, 0,5%).

I. Número de isolados por ano :

A prevalência média manteve-se estável em cerca de 0,11. O número médio de amostras positivas colhidas em nefrologia foi de cerca de 317 por ano. Este número diminuiu em 2020 para apenas 175 amostras positivas. No entanto, a prevalência (que é o número de amostras positivas em relação ao número total de amostras colhidas em 2020) é de 0,09, o que pode ser explicado pela queda do número de amostras positivas. Este facto pode ser explicado pela diminuição das amostras colhidas durante a primeira vaga da pandemia de COVID-19. Um

estudo efectuado na região de Nouvelle Aquitaine mostrou uma queda de 50%
na utilização de cuidados de emergência durante a primeira vaga de
confinamento e uma queda de 30% durante a segunda vaga de confinamento [9].
Um estudo realizado por Heist et al. em 2021 observou uma queda no número
total de admissões hospitalares para 69,2% das admissões planeadas na semana
que terminou em 4 de abril de 2020 [10].

II. Repartição das infecções na unidade de internamento de nefrologia, por amostra e por germe

As infecções do trato urinário ocuparam o primeiro lugar (n=1762, 74,6%),
seguidas da bacteriemia (n=308, 13%). A bacteriémia nestes doentes pode ter
uma origem urinária. A predominância de estirpes urinárias pode dever-se aos
antecedentes dos doentes de nefrologia, que geralmente têm patologias
urológicas subjacentes, tais como insuficiência renal crónica ou a inserção de
um cateter urinário de demora. Os nossos resultados estão de acordo com um
estudo realizado nos Departamentos de Nefrologia e de Transplantação Renal do
Complexo Hospitalar Imam Khomeini, no Irão [11], que concluiu que as
culturas positivas provenientes da ECBU eram predominantes (79 amostras,
72,5%), seguidas das hemoculturas (17 amostras, 15,6%).

1. Distribuição dos germes uropatogénicos :

A maioria das bactérias urinárias isoladas em nefrologia eram enterobactérias
(n=1253, 71,1%). *A Escherichia coli* foi a bactéria mais prevalente (n=656,
37,2%) seguida da *Klebsiella pneumoniae* (n=432, 24,5%). Isto está de acordo
com os resultados de Samanipour et al. no Irão [11].

De um ponto de vista global, *a E. coli* é o primeiro germe a ser isolado nos
laboratórios de microbiologia de vários hospitais tunisinos [12] ou
internacionais [13]. *A Escherichia coli,* um comensal do trato digestivo, é
responsável por infecções ascendentes do trato urinário. Certos patovares
adquirem factores de virulência, tais como adesinas e *pili,* que reforçam a
colonização do epitélio urinário [14]. Os nossos resultados são consistentes com
a maioria dos estudos apresentados no **quadro XX**.

Quadro XX: Comparação da distribuição dos germes envolvidos nas infecções do trato urinário

infecções em certos hospitais		
Autores	**Data e local**	**Resultado**
Wang et al [15]	China (2013-2015)	*E.coli* 30,3 *K.pneumoniae* 22
Shrimali et al [16]	Gandhinagar, Índia (2018)	*E.coli* 34,8 *P.vulgaris* 15,9% *S.saprophyticus* 14
		E.coli 64

Adhikary et al [17]	Kathmandu, Nepal (2017)	*Proteus* sp 12.5 *Enterobacter* sp 12,5% *Klebsiella* sp 11
Tayh et al [18]	Gaza, Palestina (2013)	*E.coli* 70,6 *K. pneumoniae* 17,6% *P.mirabilis* 3.5 *E.colacae* 3.5
Mawufemo et al [19]	Lomé, Togo (2017-2018)	*E.coli* 59,2% *Klebsiella* sp 27,8
Chemlal et al [20]	Oujda, Marrocos (2012-2014)	*E.coli* 54,5 *Klebsiella* sp 30,9 *StreptoD* 5.5
Guermazi-Toumi et al [21].	Gafsa, Tunísia (2015-2016)	*E.coli* 64 *K. pneumoniae* 12,8% *P.mirabilis* 2,6%
O nosso estudo	Sousse, Tunísia (2012-2020)	***E.coli* 37,2%** ***K. pneumoniae* 24,5**

2. Distribuição dos germes isolados nas hemoculturas

No nosso trabalho, os germes mais isolados nas hemoculturas foram o *S.aureus* (n=140, 45,4%) seguido da *E.coli* (n=37,12%) e *da K.*pneumoniae (n=37, 12%). As hemoculturas estafilocócicas podem entrar através de uma infeção mucocutânea ou de uma infeção do cateter em doentes em hemodiálise. Os doentes do nosso estudo estão imunocomprometidos devido a insuficiência renal crónica, e estes doentes imunocomprometidos podem apresentar bacteriemia devido ao desequilíbrio da sua própria flora cutâneo-mucosa comensal patogénica oportunista [22]. Em contrapartida, as culturas de sangue positivas para enterobactérias podem seguir-se a infecções do trato urinário em doentes com cateteres vesicais [23].

Os nossos resultados são consistentes com o estudo multicêntrico realizado por Rosenthal et al. entre 2013 e 2019 [24]. Em estudos realizados na Irlanda e no Sul da Ásia [25,26], os estafilococos são monitorizados através do isolamento de estirpes *de P.aeruginosa* e estreptococos beta-hemolíticos a partir de hemoculturas.

Os germes isolados a partir de hemoculturas nos vários estudos são apresentados no **quadro XXI**.

Quadro XXI: Comparação da distribuição dos germes envolvidos nas bacteremias em certos hospitais

Autores	Data e local	Resultado
Zhang et al [27]	Texas, Estados Unidos (2012-2015)	*S.aureus* 41,6% *Enterobacter* spp 16,8% SCN 13,9%
Fram et al [28]	São Paulo, Brasil (2010-2013)	*S.aureus* 32,1%

Autores	Local e data	Resultado
		S.epidermidis 13,6% Enterobactérias 25,9% SCN 30%
Agrawal et al [26]	Ásia do Sul (2016-2017)	*S.aureus* 13,2 *P.aeruginosa* 11,3%
Mohamed et al [25]	Irlanda (2015-2016)	SCN 61,7 *S.aureus* 23,4% S. beta-hemolítico 4,3%
Alhazmi et al [29].	Jeddah, Arábia Saudita (2014-2016)	SCN 18,2% *K. pneumoniae* 15,2% *S.aureus* 9,1%
Rosenthal et al [24]	Barém, Egito, Irão, Jordânia, Arábia Saudita, Kuwait, Líbano, Marrocos, Paquistão, Palestina e Sudão, Tunísia, Turquia e Emirados Árabes Unidos (2013-2019)	SNA 31 *S.aureus* 14% *K.pneumoniae* 8% *E.coli* 7%
O nosso estudo	**Sousse, Tunísia (2012-2020)**	**_S.aureus_ 49,1%** **_E.coli_ 10.4** **_K.p_ neumoniae 9,4** **SCN 6%**

III.Distribuição das infecções por unidade de HD por amostra

e por germe

A análise da ECBU dos doentes em hemodiálise durante o período do nosso estudo mostrou um predomínio de enterobactérias, essencialmente *Escherichia coli* (n=34, 40,5%) seguida de *Klebsiella pneumoniae* (n=19, 22,6%).

Este resultado é coerente com a maioria dos estudos epidemiológicos encontrados, que são apresentados no **quadro XXII**.

Tabela XXII: Comparação da distribuição dos germes envolvidos nas infecções do trato urinário

em algumas unidades de hemodiálise

AutoresLocal	e data	Resultado
Escherichia coli 62,5		
Klebsiella pneumoniae 12,5		
Yamashita et al [30] Tóquio, Japão (2020-2021)		
Enterococcus faecium 12,5		
Streptococcus do grupo B 10% do total		
Escherichia coli 40% do total		
Menhal et al [31] Bagdade, Iraque (2010-2011)		
Klebsiella spp *33,3%*		
Escherichia coli 51,8		

Staphylococcus aureus 28,8
Rahman et al [32] Daca, Bangladesh (2021*) Staphylococcus saprophyticus 11,2*
Klebsiella spp *8,2%*
^OEnterococcus spp *4,7*

Escherichia coli 40,5
O nosso estudo   Sousse, Tunísia (2012-2020) *Klebsiella pneumoniae 22,6*
Streptococcus do grupo B 6%

Em pacientes em hemodiálise, um estudo do perfil bacteriológico de hemoculturas mostrou uma predominância de cocos Gram-positivos, com Staphylococcus aureus (n=51, 61,5%) em primeiro lugar, seguido por *Staphylococcus epidermidis* (n=10, 12%). A predominância de *Staphylococcus aureus* pode ser explicada pelo transporte nasal desta bactéria, que é depois transmitida para o local de inserção do cateter através de mãos contaminadas, levando a bacteriémia. A profilaxia do transporte nasal com mupirocina é, por conseguinte, desejável em doentes em hemodiálise, a fim de reduzir o risco de desenvolver uma infeção do cateter *por S.aureus* complicada por sépsis [33].

Quadro XXIII: Comparação da distribuição dos germes envolvidos na bacteriémia em bacteriémia em certos hospitais de hemodiálise

Autores	Data e local	Resultado
Bhojaraja et al [34]	Karnataka, Índia (20172018)	*SNA 24.6* *Staphylococcus aureus 18* *Klebsiella pneumoniae 11,5* *Enterococcus* spp *9,8%* *Escherichia coli 8,2%*
Alhazmi et al [29]	Jeddah, Arábia Saudita (2014-2016)	*SCN 18,2%* *Klebsiella pneumoniae 15,2%* *Staphylococcus aureus 9.1*
Abd El-Hamid El-Kady et al [35]	Jeddah, Arábia Saudita (2019-2020)	*Staphylococcus aureus 30,2* *Staphylococcus epidermidis 27,2* *Klebsiella pneumoniae 10,8* *Pseudomonas aeruginosa 8,6*
Krishnan et al [36]	Perth, Austrália (2010 2014)	*Staphylococcus aureus 31,4* *SCN 17.5* *Pseudomonas aeruginosa 8,7*
O nosso estudo	**Sousse, Tunísia (2012) 2020)**	*Staphylococcus aureus 61,5* *Staphylococcus epidermidis 12* *Escherichia coli 4.8*

IV.Perfil microbiológico das infecções na unidade DPC

Metade das culturas positivas na unidade CPD provêm do líquido peritoneal. De facto, a peritonite é a primeira complicação encontrada nos doentes em diálise peritoneal.

Nesta unidade, a ecologia bacteriana é dominada por bactérias Gram-positivas (n=145, 55%), principalmente *S.aureus* (n=57, 21,7%). Este germe forma um biofilme que coloniza os cateteres peritoneais e pode infetar o líquido peritoneal [37,38]. *Staphylococcus epidermidis* seguido de outros estafilococos são as bactérias mais frequentemente isoladas na peritonite em doentes em diálise peritoneal em todo o mundo. O perfil bacteriológico pode variar consoante a localização geográfica. As bactérias Gram-negativas são mais frequentes na Índia e o seu prognóstico é pior do que o da peritonite Gram-positiva [39,40].

Tabela XXIV: Comparação da distribuição dos germes envolvidos na peritonite em doentes em diálise peritoneal

Autores	Data e local	Resultado
Ghali et al [41]	Austrália (2003-2008)	*SNA 27,2%* *Staphylococcus aureus 12,9* *Streptococcus* sp *6,9* *Escherichia coli 6,3%*
Wang et al [42]	Taiwan (2007-2016)	*SCN 17,4%* *Streptococcus* sp *15,8* *Staphylococcus aureus 7,9* *Escherichia coli 6,3%*
Song et al [43]	Changsha, China (2014-2020)	*Staphylococcus epidermidis 11.1* *Streptococcus* sp *10,5* *Escherichia coli 10.1* *Staphylococcus aureus 9,8*
Kanjanabuch [44]	Banguecoque, Tailândia (2016-2017)	*Streptococcus* sp *16* *SCN 12%* *Staphylococcus aureus 7% (em francês)* *Escherichia coli 6% (em %)* *Acinetobacter baumannii 20,8*
Jisha et al [39]	Kerala, Índia (2021)	*SCN 19,2%* *Escherichia coli 10,4* *Acinetobacter baumannii 20% do total*
Sornaranjani et al [40].	Rajiv, Índia (2016-2017)	*Staphylococcus aureus 16* *Staphylococcus epidermidis 16* *Escherichia coli 12*
Zelenitsky et al [45]	Winnipeg Canadá (2005-2014)	*Staphylococcus epidermidis 26,5* *Streptococcus* sp *12,7* *Staphylococcus aureus 9,8* *SCN 23.9*
Vakilzadeh et al [46]	CHUV, Suíça (1995-2010)	*Streptococcus* sp *14,2%* *Enterobactérias 10,6%* *Staphylococcus aureus 5,3%*
Beaudreuil et al [8]	Connecticut, Estados Unidos	*Streptococcus* sp *16* *SNA 34*

		Staphylococcus aureus 25% da população
		Streptococcus sp *4,7*
		SCN 29.3
		RDPLF França *Staphylococcus aureus 11,6*
		Streptococcus sp *8,9%*
Ozdemir et al [47]		*SCN 30%o*
		Staphylococcus aureus 17,3%
		Streptococcus sp *13,2%*
		Turquia (2005-2021)
		Pseudomonas spp *6,9%*
		Acinetobacter spp *6,9%*
		Escherichia coli 5.5
Ajimi et al [48]	Hospital Charles-Nicolle, Tunísia (19832015)	*Staphylococcus aureus 21,7* *Staphylococcus epidermidis 12,2* *Escherichia coli 3,9*
O nosso estudo	**Sousse, Tunísia (2012-2020)**	*Staphylococcus aureus 23,4* *Escherichia coli 10.3* *Staphylococcus epidermidis 9%* *(Staphylococcus epidermidis)* *Streptococcus* sp *8,3%*

V. Resistência aos antibióticos nas principais bactérias

O problema da resistência bacteriana aos antibióticos preocupa particularmente os doentes com insuficiência renal crónica (IRC). A diálise crónica, a presença de cateteres vasculares, a cateterização urinária, o transplante renal, a terapêutica antibiótica profiláctica e curativa e outras exposições a cuidados de saúde foram identificadas como factores de risco acrescido de colonização e infeção por bactérias multirresistentes. No entanto, os dados sobre a resistência aos antibióticos relativos a bactérias isoladas em doentes com insuficiência renal crónica são muito limitados [49].

1. *Escherichia coli*

É a bactéria mais comum na nossa série de estudos. Pertencente ao grupo 1 das enterobactérias, *a E.coli* produz uma cefalosporinase cromossómica não induzível do tipo AmpC e é sensível a antibióticos betalactâmicos [50]. No nosso estudo, apenas 17,8% das estirpes tinham um fenótipo de tipo selvagem. A resistência à combinação de inibidores e C3Gs foi elevada em comparação com os estudos enumerados na Tabela XXV. A taxa de resistência ao imipenem no nosso estudo (0,3%) está próxima do resultado encontrado pela rede de vigilância LART da Tunísia (0,2%) [12]. Esta taxa é muito inferior à encontrada por Pan et al [51], onde a resistência atingiu 35,7%.

Quadro XXV: Comparação das taxas de resistência *de E. coli* aos antibióticos

Autores	AMX	AMC	C3G	IMP	GN	F
Pan et al [51] (2020-2021)			57,1%	35,7		57,1%

Autores	AMC	C3G	Carbapenemes	Aminosídeos	FQ	SXT
Kissou et al [52] Burkina Faso (2019)		82,3%				44,4%
Bacha et al [53] Alemanha (2016)	62%	29,6%	18,3%		7%	22,4%
Hamouche et al [54] Líbano (2009)	76,2%			30,2%	27,4%	
Michno et al [55] Polónia (2015)	69,8%	50,1%	13%	0%	9%	29,6%
LART [12] Tunísia (2017)	72,4%	27,1%	19,7%	0,2%	14,2%	26,1%
ONERBA [13] França (2018)	51%	30%	11%	0%	5%	13%
O nosso estudo	82,2%	54,6%	34,3%	0,3%	21,7%	47,8%

2. *Klebsiella pneumoniae*

No nosso estudo, a resistência da *K. pneumoniae* à combinação de amoxicilina e ácido clavulânico foi de 61%, o que é superior aos dados do LART em 2017 [56] e do ONERBA em 2018 [13]. As taxas mais elevadas de resistência foram registadas nos estudos de Rostkowska et al. em 2018 e Cristea et al. em 2016 [57,58] (**ver quadro XXVI**).

A taxa de resistência às fluoroquinolonas foi de 59,4%. Este valor é relativamente elevado em comparação com os dados do LART e do ONERBA [13,56].

Quadro XXVI: Comparação das taxas de resistência da *K. pneumoniae* aos antibióticos

Autores	AMC	C3G	Carbapenemes	Aminosídeos	FQ	SXT
Madela et al [59] África do Sul (2014)	33,3%		44,4%	55,6%	77,8%	55,6%
Jukic et al [60] Bósnia-Herzegovina (2018)		46,6%	4,7%		53%	48%
Karlowsky et al. [61] Estados Unidos (2002)	13,3%	11,5%		8,6%	9,7%	12,8%
Rostkowska et al. [57] Polónia (2018)	73,1%	65,4%	7,7%		84,6%	61,5%
Cristea et al [58] Roménia (2016)	75%	61,5%	21,4%	35,7%	35,7%	92,8%
ONERBA [13] França (2018)	32%	22%			24%	
LART [56] Tunísia 2017	41,4%	43,3%	15,9%	34,7%	35,8%	38,8%
O nosso estudo	61%	60,6%	12%	38,9%	59,4%	53,1%

3. *Staphylococcus aureus*

Na maioria dos estudos mencionados no quadro XXVII, a resistência de
A resistência *do S.aureus* à penicilina G é superior a 80%. Um estudo efectuado
em França relatou uma diminuição da resistência à penicilina G durante a última
década [62]. Observações recentes efectuadas na América do Norte [63] e na
Suécia [64] referem taxas de sensibilidade de *Staphylococcus* aureus à penicilina
G até 30%.

Quadro XXVII: Comparação das taxas de resistência de *Staphylococcus* aureus a antibióticos

Autores	PG	OXA	Aminosídeos	ERY	FQ	Glicopép
Khurana et al [65] Índia (2012-2016)	99,1%	55,8%	37,8	62,7%	66,6%	1,2%
Gitau et al [66] Quénia (2014-2016)	92%	29%	13%	26%	22%	3%
Kitara et al [67] Oughanda (2011)	81,5%	2,6%	0%	10,5%	2,6%	
Fortuin-de Smidt [68] África do Sul (2012-2013)		36%	45,8%	41,7	37,9%	2%
Hassan et al [69] Egito (2018-2020)	94,2%		42,3%	17,3%	69,2%	3,8%
Wang et al [42] Taiwan (2007-2016)	73,3%	13,3%			7,1%	
ONERBA [13] França 2018		13,4%	2,3%	28,9%	14%	
LART [70] Tunísia 2017	94,7%	19,3%	29,6%	17,4%	10,2%	0%
O nosso estudo (2012-2020)	89,7%	13%	13,3%	11,8%	53,1%	1,2%

4. *Pseudomonas aeruginosa*

Na nossa série, a taxa de resistência dos nossos isolados *de P.aeruginosa* à
combinação piperacilina-tazobactam (15,3%) está próxima da taxa registada
pela rede de vigilância tunisina (18,5%) [71]. A resistência à ceftazidima
(14,4%) é ligeiramente inferior à registada pelas redes de vigilância LART e
ONERBA [13,71]. As taxas mais elevadas de resistência foram registadas por
Gill et al. no Paquistão em 2010 e por Krir et al. em Ben Arous em 2018 [72]. A
taxa de resistência à ciprofloxacina (27,7%) é ligeiramente superior aos dados
do LART e do ONERBA, mas permanece inferior à taxa de resistência
comunicada por um estudo realizado no Egito em 2007, que foi de 29% [73]. A
taxa de resistência à amicacina (7,9%) encontrada no nosso estudo foi inferior à

registada pelo LART e pelo ONERBA. Todas as nossas estirpes foram sensíveis à colistina (**ver Quadro XXVIII**).

Quadro XXVIII: Comparação das taxas de resistência de *Pseudomonas aeruginosa* aos antibióticos

Autores	PIPTZ	CAZ	IMP	CIP	AMK	TC
Gill et al [74] Paquistão (2010)	36,6%	70,7%	90,2%	87,8%	83%	31,7%
Ndip et al [75] Camarões (2014)	13,7%			0%	5,9%	
Gad et al [73] Egito (2007)				29%	8%	
Krir et al [72] Ben Arous (2012) 2018)	57,8%	35,7%	63,2%	42,9%	68,9%	0,8%
Kpoda et al [76] Burquina Faso (2017-2018)		23,5%			0%0%	
ONERBA [13] França 2018	18%	18%	17%	12%		
LART [71] Tunísia 2017	18,5%	16,1%	19,9%	19,6%	15,6%	
O nosso estudo	15,3%	14,4%	8%	27,7%	7,9%	0%

5. *Acinetobacter baumannii*

Este é o segundo bacilo Gram-negativo não fermentador encontrado (n= 38, 1,3%) no nosso estudo. As taxas de resistência das nossas estirpes aos vários antibióticos testados excederam os 50%. Os nossos resultados estão de acordo com os encontrados por Lob et al [77] nos diferentes continentes do mundo, com exceção da América do Norte, onde as taxas de resistência são significativamente mais baixas, principalmente à ceftazidima, ao imipenem, à combinação piperacilina-tazobactam e à amicacina. Todas as nossas estirpes eram sensíveis à colistina. Mellouli et al [78] registaram uma taxa de resistência à colistina de 1,8%.

Quadro XXIX: Comparação das taxas de resistência do *Acinetobacter baumannii* aos antibióticos

		PIPTZ	CAZ	IMP	CIP	AMK
Lob et al. [77] (2013-2014)	**África**	83,1%	72,3%	81,5%	72,3%	53,3%
	Europa	88,6%	92,5%	88,6%	95,5%	80,1%
	Médio Oriente	96,7%	94,1%	91,4%	96,1%	67,8%
	Ásia	78%	78,3%	73,1%	78,8%	68,1
	América do Sul Norte	42,5%	53,2%	36,2%	68,1%	38,3%

América Latina	87,2%	85,1%	83,7%	90,1%	80,8%
O nosso estudo	72,4%	79,4%	62,5%	82,5%	52,5%

VI. Bactérias multirresistentes

A multiresistência bacteriana é um importante problema de saúde pública. Em doentes frágeis como os da nefrologia, a aquisição de uma BMR aumenta a taxa de morbilidade e mortalidade e corre o risco de conduzir a um impasse terapêutico.

Um estudo mostrou que as fases G2 a G5 da DRC são um fator de risco importante para a resistência antimicrobiana global e, mais importante ainda, para a resistência a múltiplos medicamentos, com a DRC a aumentar o risco de infecções por BMR em cerca de duas vezes. Os doentes em hemodiálise crónica tinham um risco quatro vezes maior de contrair infecções por BMR [79].

No nosso estudo, 688 dos isolados eram BMR, ou seja, 24,1%. Majeed et al. registaram uma incidência de 42,9% de BMR em doentes com doença renal [80].

A taxa de BGN multi-resistentes no nosso estudo foi de 21,5% (n=614). Um estudo realizado numa instalação de hemodiálise ambulatória nos Estados Unidos revelou que 28% dos doentes foram colonizados por um BGN resistente a pelo menos três dos seis antibióticos testados. Além disso, 20% dos doentes foram colonizados por um destes BGN multi-resistentes durante um período de acompanhamento de 6 meses [81].

Apesar da ausência de estudos epidemiológicos em grande escala sobre a infeção por BGN multirresistentes em doentes de nefrologia, a exposição frequente destes doentes a antibióticos e os internamentos hospitalares regulares aumentam o risco de colonização por estas bactérias multirresistentes. Os dados disponíveis sugerem que estas bactérias multi-resistentes são relativamente comuns em doentes em diálise.

No nosso estudo, 457 estirpes de enterobactérias (31,2% de todas as enterobactérias) eram resistentes à C3G. O número de estirpes *de K. pneumoniae* resistentes à C3G foi de 190 (40,7%). O número de *estirpes de Escherichia coli* resistentes a C3G foi de 235 (32,1%). Estes valores são elevados quando comparados com os dados de estudos norte-americanos e europeus, que registam uma taxa de resistência à C3G de 27,2% para a *Klebsiella pneumoniae* e de 22,1% para a *Escherichia coli* [82].

As estatísticas das redes de vigilância da BMR indicam que *a Klebsiella pneumoniae* e *a Escherichia coli* são as duas enterobactérias cuja frequência tem vindo a aumentar de forma constante nos últimos 10 anos [83]. Vários estudos centraram-se no papel dos antibióticos na emergência de Enterobacteriaceae resistentes a C3G, para além da aquisição de novos factores de virulência por estes germes.

No nosso estudo, 126 estirpes isoladas eram enterobactérias resistentes aos carbapenemes (8,7%). Isso pode ser devido ao uso excessivo dessa classe de antibióticos no departamento, além de fatores predisponentes, principalmente o cateterismo. Em 2019, o CDC *(Centers for Disease Control and Prevention)* estimou que as enterobactérias resistentes a carbapenem são responsáveis por 13.100 infecções e 1.100 mortes nos Estados Unidos a cada ano [84].**Ver tabela XXX**.

Em 2014, 10,9% das infecções relacionadas com cateteres deveram-se *a Klebsiella* spp. resistente aos carbapenemes e 1,9% deveram-se a *E. coli* resistente aos carbapenemes [85].

O Reseau d'Alerte d'Investigation et de Surveillance des Infections Nosocomiales (RAISIN) comunicou um declínio constante de MRSA a favor de enterobactérias resistentes a C3G desde 2006 [83]. No nosso estudo, 49 estirpes isoladas eram MRSA, ou seja, 12,9% de todas as estirpes *de S.aureus* isoladas. Em comparação com a população em geral, os doentes com doença renal têm maior probabilidade de serem afectados por infecções por *S. aureus* sensíveis e resistentes à meticilina. Esta elevada suscetibilidade está associada a uma maior morbilidade e mortalidade nos doentes de nefrologia. As taxas registadas de colonização por MRSA em doentes em hemodiálise variam entre 2,3% e 27,3% [86]. É de notar que até 35% dos doentes colonizados desenvolvem infecções por MRSA no espaço de um ano [87]. Os Centros de Controlo e Prevenção de Doenças (CDC) dos EUA comunicaram que as infecções invasivas por MRSA afectam mais de 4 em cada 100 doentes em diálise, uma incidência mais de 100 vezes superior à observada na população em geral [88]. Em doentes transplantados renais, a colonização por MRSA varia entre 1,2% e 12,5% [89]. Em 2017, o relatório da Rede Argelina de Resistência Antimicrobiana indicou que aproximadamente 23% dos *S.aureus* eram resistentes à meticilina [90].

No nosso estudo, 17 estirpes de *Pseudomonas* sp (15,2%) eram resistentes à ceftazidima. Relativamente à *P.aeruginosa,* 14 estirpes (14,4%) eram resistentes à ceftazidima. Um estudo multicêntrico encontrou uma prevalência de 12,4% de *P.aeruginosa* multirresistente no Iraque, 54% na Síria, 64,5% no Líbano, 47,6% na Palestina, 52,5% na Jordânia, 7,3% na Arábia Saudita, 75,6% no Egito e 54% na Tunísia [91].

No caso da *A.baumannii,* foram isoladas 25 estirpes resistentes ao imipenem (62,6%). A resistência ao imipenem, por si só, classifica esta bactéria como uma

BMR. A prevalência de ABRI está a aumentar constantemente em todo o mundo [92]. A ABRI pode ser disseminada por equipamento contaminado ou pelas mãos do pessoal de saúde [93]. Higgins et al. referiram que 95,5% das estirpes *de Acinetobacter baumannii* eram ABRI [94].

No caso dos enterococos, foram identificadas 25 estirpes resistentes aos glicopeptídeos (8,2%). *Enterococcus faecalis* e *Enterococcus faecium* foram as duas espécies mais isoladas no nosso estudo. De facto, estas são as duas espécies mais implicadas nas infecções enterocócicas em humanos[95]. Em 1980, foi descrita a primeira resistência adquirida à vancomicina em enterococos, particularmente em *E. faecium* [95]. Em doentes com insuficiência renal crónica, é frequente a colonização e a infeção por enterococos resistentes aos glicopeptídeos. Vários estudos em todo o mundo registaram uma taxa de colonização por ERG em doentes em hemodiálise que varia entre 2,8% e 10,8% [96]. A hospitalização recente e a utilização prévia de antibióticos são factores de risco para a colonização [97]. Num estudo realizado em 2014 nos EUA com doentes em hemodiálise, 11,4% dos isolados enterocócicos eram resistentes aos glicopeptídeos [98].

Tabela XXX: **Comparação de BMRs em diferentes estudos**

	CDC (2019) [84]	Majeed et al [80]	Weiner e al.[82]	O nosso estudo
EBRC3G	N=97400 9100 mortes			**32,2%**
E.coli-R-C3G		95%	22,2%	**32,1%**
K.p-R- C3G		82,3%	24,1%	**40,7%**
ERC	N=13100 1100 ddces			**8,7%**
E.coli- R -C			14,1%	
K.p- R-C			10,9%	
Pseudo-Caz-R	N=32600 2700 mortes	80%	17,9%	**15,2%**
ABRIGO	N= 8500 700 mortes		43,7%	**62,6%**
BGN BMR TOTAL		42,9%		**21,5%**
MRSA			50,7%	
ERG			46%	

EBRC3G: Enterobactérias resistentes a C3G; E.coli-R-C3G: E.coli resistente a C3G; K.p-R-C3G: K.pneumoniae resistente a C3G; E.coli-R-C: E.coli resistente a carbapenemes; K.p-R-C: K. pneumoniae resistente aos carbapenemes; Pseudo-CAZ-R: Pseudomonas spp. resistente à ceftazidima; BGN BMR: Bacilos Gram-negativos multirresistentes

No nosso estudo, comparámos a diferença na prevalência de BMR entre o período "antes de 2016" e o período "depois de 2016". Foi estatisticamente significativa para as seguintes BMR: enterobactérias resistentes a C3G, enterococos resistentes a glicopeptídeos, MRSA e *P.aeruginosa* resistente a ceftazidima. Este facto pode ser explicado pelo aumento da escassez de pessoal durante o período "pós-2016". Desde 2015, vários paramédicos saíram sem serem substituídos. Por conseguinte, a carga de trabalho aumentou, o que provavelmente revelou algumas deficiências nas medidas de higiene. Além disso, o serviço de nefrologia foi reestruturado durante este período. Anteriormente, existiam três enfermarias do lado feminino, cada uma com 4 camas. Depois, uma das enfermarias foi transformada numa unidade de transplante. A ala feminina tornou-se, assim, muito apertada. É composta apenas por duas enfermarias com 6 camas em cada quarto. O isolamento dos doentes com infecções por BMR é, por conseguinte, impossível de um ponto de vista prático. Esta proximidade dos doentes, aliada à falta de pessoal, poderia assim explicar o aumento da prevalência da BMR durante o período "pós-2016".

VII. Autocrítica do estudo

O nosso estudo tem algumas limitações que merecem ser realçadas. Em primeiro lugar, tratou-se de um estudo retrospetivo, pelo que não foi possível recuperar os dados em falta, nem efetuar exames complementares. A falta de informação clínica para determinadas amostras impossibilitou-nos de distinguir entre infeção, colonização, transporte ou contaminação. Devido a um problema de arquivo, não foi possível completar os números relativos à incidência anual de infecções no departamento de nefrologia para o período de 2012 a 2016.

É também de salientar que existem poucos artigos sobre infecções bacterianas no serviço de nefrologia. Este problema obrigou-nos a comparar os nossos resultados com os dos doentes internados nos vários serviços clínicos, incluindo os dos cuidados intensivos.

5 CONCLUSÃO

Os doentes nefrológicos com doença renal (insuficiência renal crónica, doentes em diálise, doentes transplantados) têm um risco elevado de desenvolver uma infeção bacteriana em comparação com a população em geral. Estas infecções podem conduzir rapidamente a estados sépticos graves que podem pôr a vida em risco (peritonite, bacteriemia com risco de endocardite). Atualmente, a resistência bacteriana é um grande problema de saúde pública, especialmente porque estes doentes estão imunocomprometidos e usam dispositivos como cateteres. Esta resistência está a aumentar constantemente e é responsável por uma morbilidade e mortalidade consideráveis.

Os objectivos deste estudo são identificar os germes responsáveis pelas infecções bacterianas no serviço de nefrologia, estudar os perfis de resistência destes germes aos diferentes antibióticos e determinar a frequência das infecções bacterianas nos doentes em diálise (hemodiálise, diálise peritoneal), a fim de melhorar a gestão dos doentes em nefrologia, adaptando a antibioterapia probabilística em função da ecologia bacteriana do serviço.

Realizámos um estudo retrospetivo descritivo e analítico no Centro Hospitalar Universitário de Sahloul de todas as estirpes bacterianas não redundantes isoladas de amostras enviadas para o laboratório de microbiologia pela unidade de internamento de nefrologia, pela unidade de hemodiálise e pela unidade de diálise peritoneal contínua (DPC), durante um período de 9 anos, de 1 de janeiro de 2012 a 31 de dezembro de 2020. A identificação bacteriana foi realizada utilizando métodos bacteriológicos convencionais e automatizados. A identificação bacteriana foi efectuada utilizando métodos bacteriológicos convencionais e automatizados, e o teste de suscetibilidade a antibióticos dos isolados foi realizado de acordo com as recomendações CA-SFM/EUCAST.

O teste do Qui-quadrado foi utilizado para comparar as tendências na prevalência de BMRs no departamento de nefrologia entre os dois períodos: "antes de 2016" e "depois de 2016".

Durante o período do estudo, foram identificados 2851 isolados no serviço de nefrologia, a maioria dos quais pertencentes à unidade de internamento de nefrologia (n=2363, 83%), seguida da unidade de DPC (n=264, 9,2%) e da unidade de HD (n=224, 7,8%).

Na unidade de internamento de nefrologia, as infecções do trato urinário foram a maioria (n=1762, 74,6%), seguidas de bacteriemia (N=308, 13%). *A Escherichia coli* (N=1762, 74,6%) e *a Klebsiella pneumoniae* (n=501, 21,2%) foram as bactérias uropatogénicas mais frequentemente encontradas. *Staphylococcus aureus* foi a bactéria mais isolada em bacteriémias (n=140, 45,4%).

Na unidade de hemodiálise, as infecções do trato urinário (n=84, 37,5%) e as bacteriémias (n=83, 37%) foram maioritárias. O *Staphylococcus aureus* foi o principal germe encontrado (n=87, 38,9%).

Na unidade de CEC, a peritonite foi a infeção mais frequente (n= 145, 54,9%) e o *Staphylococcus aureus* foi o principal germe encontrado (n=34, 23,4%). Embora a diálise peritoneal seja o método menos invasivo, as complicações causadas por este método de depuração não são negligenciáveis e a peritonite infecciosa é a principal complicação.

A Escherichia coli foi a bactéria mais comum no nosso estudo. Mais de metade das estirpes eram resistentes à amoxicilina (82,2%) e à combinação de amoxicilina e ácido clavulânico (54,6%). A resistência ao C3G (34,3%) e às fluoroquinolonas (47,8%) também foi elevada. Apenas 0,3% das estirpes eram resistentes ao imipenem e todas as estirpes eram sensíveis à colistina.

As taxas de resistência das estirpes *de Klebsiella pneumoniae* aos C3Gs e aos carbapenemes foram de 60,6% e 12%, respetivamente. A resistência às fluoroquinolonas nestes isolados foi elevada. Atingiu 59,4%.

Cerca de 90% das estirpes *de Staphylococcus aureus* produziam penicilinase, 13% eram resistentes à meticilina e 1,2% eram resistentes aos glicopeptídeos.

As BMR são um problema grave no nosso departamento, no hospital e mesmo a nível mundial. Entre as 2851 estirpes isoladas em nefrologia, foram identificadas 688 bactérias multi-resistentes, representando 24,1% dos isolados. As enterobactérias resistentes aos C3G foram o tipo mais comum de MRB (n=457, 16%), seguidas das enterobactérias resistentes aos carbapenemes (n=126, 4,4%). Em terceiro lugar ficou o MRSA (n=49, 1,73%), seguido dos enterococos resistentes a glicopeptídeos (n=25, 0,9%), *A.baumannii* resistente a imipenem (n=16, 0,6%) e *Pseudomonas* spp resistente a ceftazidima (n=15, 0,5%).

O aparecimento de bactérias resistentes deve ser controlado, a fim de abrandar o seu crescimento e evitar a sua propagação no ambiente da comunidade, bem como a transferência de genes de resistência para outras bactérias. O controlo da utilização de antibióticos pelos clínicos e a monitorização epidemiológica da resistência pelo laboratório de microbiologia ajudarão a controlar a resistência bacteriana. É desejável um esforço coletivo através da vigilância local da resistência aos antibióticos, supervisionada por uma rede nacional como o LART, a fim de fornecer dados mais precisos sobre a evolução da resistência bacteriana nesta categoria de doentes.

A prevenção das infecções relacionadas com os cateteres foi recentemente actualizada: utilização de luvas, máscaras e batas esterilizadas aquando da inserção do cateter, utilização de anti-sépticos cutâneos e cumprimento dos protocolos de desinfeção das estações de diálise, dos doentes e do pessoal.

Todas estas medidas reduzem significativamente o risco de desenvolver uma infeção relacionada com o cateter.

Para prevenir as infecções bacterianas nos doentes internados no serviço de nefrologia, recomenda-se o reforço das medidas de higiene e de assepsia (limpeza individual e colectiva, manutenção do estabelecimento) e a prescrição racional e adequada de antibióticos, que continuam a ser a melhor forma de gerir este problema. A educação dos doentes, explicando-lhes a sua doença e a importância da adesão ao tratamento, permite reduzir parcialmente o risco de infeção bacteriana.

Recomendações e perspectivas

No nosso estudo, foram isoladas 688 bactérias multirresistentes (24,1%), das quais 614 eram BGN. A fim de prevenir as infecções por BGN nos doentes de nefrologia, é necessário reforçar as medidas de higiene através de um aprovisionamento contínuo de sabão, de gel hidroalcoólico, de soluções anti-sépticas e de equipamentos de proteção (luvas estéreis, máscaras, batas, etc.). É igualmente necessário divulgar as recomendações nacionais e internacionais e sensibilizar o pessoal dos serviços para o impacto do cumprimento das medidas de assepsia (lavagem das mãos antes e depois de qualquer procedimento de cuidados, desinfeção com um produto aprovado para uso hospitalar, reconhecido como eficaz e homologado) na redução da incidência de infecções nosocomiais. Os doentes devem também ser informados sobre a sua doença e sobre as medidas de higiene a tomar para reduzir o risco de infeção. O acesso às salas de hemodiálise deve ser restringido a todos os estrangeiros, incluindo os acompanhantes dos doentes. Recomenda-se o rastreio sistemático do transporte de BMRs nestes doentes aquando da admissão e semanalmente. Nas unidades de HD e DPC, onde os BMR mais frequentes são os cocos gram-positivos, recomenda-se o rastreio de MRSA através de zaragatoas nasais, axilares e bucais. Na unidade de nefrologia, onde os BGN multirresistentes foram os mais comuns, recomenda-se a realização de esfregaços rectais para os detetar. Isolamento geográfico e técnico dos doentes com uma infeção por BMR é necessária, uma vez que a base genética da multirresistência é um gene móvel (plasmídeos, transpositores) [99, 100].

No futuro, gostaríamos de repetir um estudo comparativo para avaliar a eficácia do rastreio de BMR na redução das infecções por BMR no departamento de nefrologia.

A inserção deste cateter é um procedimento invasivo. Este procedimento exige o cumprimento de medidas de assepsia e higiene (lavagem das mãos, luvas esterilizadas, utilização de soluções anti-sépticas) e pode ser proposta a profilaxia antibiótica durante a inserção do cateter[100]. Também se deve considerar a possibilidade de estabelecer diretrizes de boas práticas para a inserção de cateteres no departamento, acessíveis ao pessoal, e manter uma colaboração estreita entre médicos e enfermeiros.

A antibioticoterapia probabilística deve abranger os germes mais frequentemente isolados em cada foco infecioso, tendo em conta as taxas de resistência encontradas no nosso trabalho. Para as infecções do trato urinário, que estão em primeiro lugar no nosso estudo, *a E.coli* e *a K. pneumoniae* são as bactérias mais isoladas. Recomenda-se a utilização de um antibiótico com uma taxa de resistência <10%[102]. Para as infecções do trato urinário inferior, a fosfomicina pode ser recomendada (taxa de resistência de 1,9% para *E. coli* e 5,8% para *K. pneumoniae)*. Este antibiótico é conhecido pela sua eliminação urinária predominante na forma ativa, pelo seu baixo custo e pelo seu baixo potencial de seleção de bactérias resistentes[102]. Na pielonefrite aguda, os carbapenemes devem ser preferidos aos C3Gs, uma vez que no nosso estudo a taxa de resistência aos C3Gs foi de 34,3% para a *E. coli* e de 60,6% para a *K. pneumoniae*. Dado o risco de seleção de mutantes resistentes quando se utiliza esta classe de antibiótico, é necessária uma reavaliação dos resultados microbiológicos nas primeiras 48 horas da sua introdução como tratamento probabilístico[103]. Na unidade de internamento de nefrologia, a *bacteriémia* é devida a *S.aureus* seguida de *E.coli*. Por conseguinte, é necessário abranger tanto as bactérias Gram-positivas como as Gram-negativas. Por conseguinte, é recomendada uma combinação de imipenem + vancomicina. Nos doentes em diálise peritoneal, a peritonite bacteriana foi a primeira complicação encontrada. *O S.aureus* foi a bactéria mais isolada, seguida da *E.coli*. Em 2016, a ISPD (*Sociedade Internacional de Diálise Peritoneal)* recomendou a cobertura de bactérias Gram-positivas (com vancomicina ou C1G) e BGN (com C3G ou um aminoglicosídeo)[104]. As estatísticas de sensibilidade mostram uma excelente cobertura antibiótica de bactérias Gram-positivas com um glicopeptídeo e de bactérias Gram-negativas com uma combinação de C3G e aminoglicosídeo, o que também foi recomendado por Beaudreuil et al[105].

A fim de reduzir a taxa de resistência aos antibióticos no nosso serviço e em todo o hospital, é urgente criar uma equipa de referência em antibioterapia para aconselhar e sensibilizar todos os serviços para uma terapia antibiótica adequada e racional. Esta equipa acompanhará de perto as prescrições de antibióticos, com o objetivo de reduzir a resistência e o custo dos cuidados.

6 REFERÊNCIAS

1. **Stel VS, van de Luijtgaarden MW, Wanner C, Jager KJ; em nome dos Investigadores do Registo Renal Europeu.** O Relatório Anual do Registo ERA-EDTA de 2008 - um resumo. *NDTPlus 2011;4:1-13.*

2. **Sítio Web do GPR.** Infeciologia e insuficiência renal. *[Em linha]. 2020 [Acedido em 21/08/2022], disponível em URL: http://sitegpr.com/fr/rein/en-savoir- plus/infectiologie-et-insuffisance-renale/*

3. **Johnson DW, Fleming SJ.** O uso de vacinas na insuficiência renal. *Clin Pharmacokinet 1992;22:434-46.*

4. **Monnet DL.** Consumo de antibióticos e resistência bacteriana. *Ann Fr Anesth Reanim 2000;19:409-17.*

5. **Magiorakos AP, Srinivasan A, Carey RB, Carmeli Y, Falagas ME, Giske CG, et al.** Bactérias multirresistentes, extensivamente resistentes a medicamentos e pandroresistentes: uma proposta de peritos internacionais para definições-padrão provisórias para a resistência adquirida. *Clin Microbiol Infect 2012;18:268-81.*

6. **Parker CM, Kutsogiannis J, Muscedere J, Cook D, Dodek P, Day AG, et al.** Ventilator-associated pneumonia caused by multidrug-resistant organisms or *Pseudomonas aeruginosa*: Prevalence, incidence, risk factors, and outcomes. *JCrit Care 2008;23:18-26.*

7. **Sociedade Francesa de Microbiologia.** CA-SFM/EUCAST abril de 2021 V1.0. *Paris: SFM; 2021.*

8. **Beaudreuil S, Hebibi H, Charpentier B, Durrbachr A.** Infecções graves em doentes em diálise peritoneal e hemodiálise convencional crónica: peritonite e infecções do acesso vascular. *Reanimação 2008;17:233-41.*

9. **Meurice L, Vilain P, Maillard L, Revel P, Caserio-Schonemann C, Filleul L.** Impact des deux confinements sur le recours aux soins d'urgence lors de I'epidemie de COVID-19 en Nouvelle-Aquitaine. *Sante Publique 2021;33:393-7.*

10. **Heist T, Schwartz K, Butler S.** Tendências nas admissões hospitalares gerais e não COVID-19. *[Em linha]. 2021 [Acedido em 21/08/2022], disponível em URL: https://www.kff.org/health-costs/issue-brief/trends-in-overall-and-non-covid-19-hospital-admissions/*

11. **Samanipour A, Dashti-Khavidaki S, Abbasi MR, Abdollahi A.** Padrões de resistência aos antibióticos de microrganismos isolados das enfermarias de nefrologia e transplante renal de um hospital académico de referência. *J Res Pharm Pract 2016;5:43.*

12. **LART.** Dados de 2017: *E. coli* (N = 8266). *[Online]. 2018 jConsuhe em 21/08/2022], disponívela no URL:*

https://www.infectiologie.org.tn/pdf_ppt_docs/resistance/1544218181.pdf

13. **ONERBA.** Relatório de actividades. Edição de maio de 2020. *[Online]. 2018 [Acedido em 21/08/2022], disponível em   o URL   :http://onerba-doc.onerba.org/Relatórios/Relatório-ONERBA-2018/Rap18_onerba_synthese.pdf*

14. **Bidet P, Bonarcorsi S, Bingen E.** Factores patogénicos e fisiopatologia da *Escherichia coli* extra-intestinal. *Arch Pediatr 2012;19:S80-92.*

15. **Wang Y, Li H, Chen B.** Distribuição de patógenos e resistência a medicamentos de pacientes de nefrologia com infecções do trato urinário. *Saudi Pharm J 2016;24:337-40.*

16. **Shrimali G, Patel K.** Bacteriologia e antibiograma da infeção do trato urinário de doentes com insuficiência renal crónica em hemodiálise num centro de cuidados terciários. *Saudi J Pathol Microbiol 2019;4:175-8.*

17. **Adhikari L.** Incidência de infecções bacterianas em pacientes com doença renal crónica admitidos na unidade de nefrologia do Hospital Universitário da Faculdade de Medicina de Kathmandu. *J Kathmandu Med Coll 2018;7:26-9.*

18. **Tayh G, Al Laham N, Ben Yahia H, Ben Sallem R, Elottol AE, Ben Slama K.** Β -lactamases de espetro alargado entre Enterobacteriaceae isoladas de infecções do trato urinário na Faixa de Gaza, Palestina. *BioMed Res Int 2019;2019: 4041801.*

19. **Mawufemo TY, Dzidzonu NK, Deassoua BL, Georges TK, Badomta D, Majeste WI.** Perfil bacteriológico das infecções do trato urinário em pacientes com insuficiência renal crónica hospitalizados no departamento de nefrologia. *J Rech Sci Univ Lome 2020;22:237-41.*

20. **Chemlal A, Karimi I, Benabdellah N, Alaoui F, Alaoui S, Haddiya I, et al.** Infecções do trato urinário em doentes com insuficiência renal crónica em nefrologia: perfil bacteriológico e prognóstico. *Nephrol Ther 2015;11:399.*

21. **Guermazi-Toumi S, Boujlel S, Assoudi M, Issaoui R, Tlili S, Hlaiem ME.** Perfis de suscetibilidade de bactérias que causam infecções do trato urinário no sul da Tunísia. *J Glob Antimicrob Resist 2018;12:48-52.*

22. **Lagier JC, Letranchant L, Selton-Suty C, Nloga J, Aissa N, Alauzet C, et al.** Bacteremia e endocardite *por Staphylococcus aureus. Ann Cardiol Angeiol 2008;57:71-7.*

23. **Vandenbos F, Ozanne A, Burel-Vandenbos F, Tempesta S, Fosse T, Dellamonica P.** Bactérias *Escherichia coli* de origem urinária. *Presse Med 2004;33:847-51.*

24. **Rosenthal VD, Belkebir S, Zand F, Afeef M, Tanzi VL, Al-Abdely HM, et al.** Estudo multicêntrico de seis anos sobre as taxas de infeção da corrente sanguínea relacionadas com cateteres venosos periféricos de curta duração em

246 unidades intensivas de 83 hospitais em 52 cidades de 14 países do Médio Oriente: Barém, Egito, Irão, Jordânia, Reino da Arábia Saudita, Kuwait, Líbano, Marrocos, Paquistão, Palestina, Sudão, Tunísia, Turquia e Emirados Árabes Unidos - resultados do Consórcio Internacional de Controlo de Infecções Nosocomiais (INICC). *J Infect Public Health 2020;13:1134-41.*

25. **Mohamed H, Ali A, Browne LD, O'Connell NH, Casserly L, Stack AG, et al.** Determinantes e resultados de infecções da corrente sanguínea relacionadas com o acesso entre os doentes irlandeses em hemodiálise; um estudo de coorte. *BMC Nephrol 2019;20:68.*

26. **Agrawal V, Valson AT, Mohapatra A, David VG, Alexander S, Jacob S, et al.** Velozes e furiosos: um estudo retrospetivo de infecções da corrente sanguínea associadas a cateteres com cateteres de hemodiálise não tunelizados jugulares internos em um centro tropical. *Clin Kidney J2019;12:737-44.*

27. **Zhang HH, Cortes-Penfield NW, Mandayam S, Niu J, Atmar RL, Wu E, et al.** Infecções da corrente sanguínea relacionadas com cateteres de diálise em doentes que recebem hemodiálise numa base apenas de emergência: uma análise de coorte retrospetiva. *Clin Infect Dis 2019;68:1011 -6.*

28. **Fram D, Okuno MFP, Taminato M, Ponzio V, Manfredi SR, Grothe C, et al.** Fatores de risco para infeção da corrente sanguínea em pacientes de um centro de hemodiálise brasileiro: um estudo caso-controle. *BMC Infect Dis 2015;15:158.*

29. **Alhazmi SM, Noor SO, Alshamrani MM, Farahat FM.** Infeção da corrente sanguínea em instalações de hemodiálise em Jeddah: uma revisão de registros médicos. *Ann Saudi Med 2019;39:258-64.*

30. **Yamashita K, Ishiyama Y, Yoshino M, Tachibana H, Toki D, Konda R, et al.** Infeção do trato urinário em doentes com doença renal em fase terminal dependentes de hemodiálise. *Res Rep Urol 2022;14:7-15.*

31. **Manhal FS, Mohammed AA, Ali KH.** Infeção do trato urinário em doentes em hemodiálise com insuficiência renal. *J Fac Med Bagdade 2012;54:38-41.*

32. **Rahman MS, Ahmed MU, Mahtab Uddin BM, Chowdhury RK, Ur Rasid H, Begum A.** Perfil bacteriológico e seu padrão de suscetibilidade antimicrobiana de pacientes com infeção do trato urinário atendidos no departamento de nefrologia do Enam Medical College and Hospital, Savar, Dhaka. *Med Today 2022;34:51-6.*

33. **Fisher M, Golestaneh L, Allon M, Abreo K, Mokrzycki MH.** Prevenção de infecções da corrente sanguínea em pacientes submetidos à hemodiálise. *Clin J Am Soc Nephrol 2020;15:132-51.*

34. **Bhojaraja MV, Prabhu RA, Nagaraju SP, Rao IR, Shenoy SV, Rangaswamy D, et al.** Infecções da corrente sanguínea relacionadas com

cateteres de hemodiálise: uma experiência de centro único. *J Nephropharmacology 2022;11:e10475.*

35. **Abd El-Hamid El-Kady R, Waggas D, AkL A.** Repercussão microbiana no resultado da infeção da corrente sanguínea relacionada ao cateter de hemodiálise: um estudo retrospetivo de 2 anos. *Infect Drug Resist 2021;14:4067-75.*

36. **Krishnan A, Irani K, Swaminathan R, Boan P.** Um estudo retrospetivo de infecções da corrente sanguínea associadas à linha central de hemodiálise tunelada. *J Chemother 2019;31:132-6.*

37. **Lungren MP, Christensen D, Kankotia R, Falk I, Paxton BE, Kim CY.** Bacteriófago K para redução de biofilme de *Staphylococcus aureus* em material de cateter venoso central. *Bacteriophage 2013;3:e26825.*

38. **Shanks RM, Sargent JL, Martinez RM, Graber ML, O'Toole GA.** As soluções de bloqueio de cateteres influenciam a formação de biofilme estafilocócico em superfícies abióticas. *Nephrol Dial Transplant 2006;21:2247-55.*

39. **Jisha TU, Sarada Devi KL.** Um perfil clínico-microbiológico de peritonite em pacientes em diálise peritoneal ambulatorial contínua. *Int J Curr Microbiol Appl Sci 2021;10:914-21.*

40. **Sornaranjani M, Ramani C, Karuppasamy K.** Avaliação do perfil microbiológico em diálise peritoneal em doentes com doença renal crónica. *Panacea J Med Sci 2022;12:305-10.*

41. **Ghali JR, Bannister KM, Brown FG, Rosman JB, Wiggins KJ, Johnson DW, et al.** Microbiologia e resultados da peritonite em doentes australianos em diálise peritoneal. *Perit Dial Int JInt Soc Perit Dial 2011;31:651 -62.*

42. **Wang HH, Huang CH, Kuo MC, Lin SY, Hsu CH, Lee CY, et al.** Microbiologia da infeção relacionada com a diálise peritoneal e factores de peritonite refractária relacionada com a diálise peritoneal: Um estudo de dez anos num único centro em Taiwan. *J Microbiol Immunol Infect 2019;52:752-9.*

43. **Song P, Yang D, Li J, Zhuo N, Fu X, Zhang L, et al.** Microbiologia e resultado da peritonite relacionada à diálise peritoneal em pacientes idosos: um estudo retrospetivo na China. *Front Med (Lausanne) 2022;9:799110.*

44. **Kanjanabuch T, Chatsuwan T, Udomsantisuk N, Nopsopon T, Puapatanakul P, Halue G, et al.** Associação de amostragem de unidades locais e práticas de cultura de laboratório de microbiologia com a capacidade de identificar patógenos causadores de peritonite associada à diálise peritoneal na Tailândia. *Kidney Int Rep 2021;6:1118-29.*

45. **Zelenitsky SA, Howarth J, Lagace-Wiens P, Sathianathan C, Ariano R, Davis C, et al.** Tendências microbiológicas e resistência antimicrobiana na

peritonite relacionada à diálise peritoneal, 2005 a 2014. *Perit Dial Int J Int Soc Perit Dial 2017;37:170-6.*

46. **Vakilzadeh N, Burnier M, Halabi G.** Infectious peritonitis in peritoneal dialysis: an overly dreaded complication *Rev Med Suisse 2013;9:446- 50.*

47. **Ozdemir A, Yucel Kogak S.** Peritonite relacionada à diálise peritoneal: perfil microbiológico e resultado. *Bakirkoy Tip Derg Med J Bakirkoy 2022;18:25-30.*

48. **Ajimi K, Barbouch S, Najjar M, Ounissi M, Ben Hmida F, Harzallah A, et al.** Peritonite e diálise peritoneal. *Nephrol Ther 2021;17:371.*

49. **Wang TZ, Kodiyanplakkal RP, Calfee DP.** Resistência antimicrobiana em nefrologia. *Nat Rev Nephrol 2019;15:463 -81.*

50. **Courvalin P, Leclercq R, Bingen E.** Antibiogramme. ᶜᵐ3ª edição. *Paris: ESKA; 2012.*

51. **Pan D, Peng P, Fang Y, Lu J, Fang M.** Distribuição e resistência a medicamentos de bactérias patogénicas e prognóstico em doentes com infeção da corrente sanguínea por septicemia com insuficiência renal. *Infect Drug Resist 2022;15:4109-16.*

52. **Kissou PF, Semde A, Sawadogo A, Tao M, Sanou G, Coulibaly G.** Resistência antibiótica das infecções do trato urinário no departamento de nefrologia-diálise do Hospital Universitário Souro Sanou em Bobo-Dioulasso (Burkina Faso). *Kidney Int Rep 2022;7:S69.*

53. **Abo Basha J, Kiel M, Gorlich D, Schutte-Nutgen K, Witten A, Pavenstadt H, et al.** Caracterização fenotípica e genotípica de escherichia coli que causa infecções do trato urinário em pacientes transplantados renais. *J Clin Med 2019;8:988.*

54. **Hamouche E, Sarkis DK.** Evolução da suscetibilidade aos antibióticos de *Escherichia coli, Klebsiella pneumoniae, Pseudomonas aeruginosa* e *Acinetobacter baumanii* num Hospital Universitário de Beirute entre 2005 e 2009. *Pathol Biol 2012;60:e15-20.*

55. **Michno M, Sydor A, Walaszek M, Sulowicz W.** Microbiologia e resistência a medicamentos de agentes patogénicos em pacientes hospitalizados no departamento de nefrologia no sul da Polónia. *Pol J Microbiol 2018;67:517-24.*

56. **LART.** Dados de 2017: *K. pneumoniae* (N=3178). *[Online]. 2018 [Acedido em 21/08/2022], Disponível em lURL:*

https://www.infectiologie. org.tn/pdf_ppt_docs/resistance/1544218300.pdf

57. **Rostkowska OM, Kuthan R, Burban A, Salinska J, Ciebiera M, MIynarczyk G, et al.** Análise da suscetibilidade a antibióticos selecionados em klebsiella pneumoniae, escherichia coli, enterococcus faecalis e enterococcus

faecium que causam infecções do trato urinário em receptores de transplante renal ao longo de 8 anos: estudo de centro único. *Antibiotics 2020;9:284.*

58. **Cristea OM, Avramescu CS.** Infeção do trato urinário com *Klebsiella pneumoniae* em pacientes com doença renal crônica. *Curr Health Sci J 2017;2:137-48.*

59. **Madela Y.** The incidence and antimicrobial sensitivity of urinary tract infections in HIV positive and negative nephrology patients at Inkosi Albert Luthuli Central Hospital in Kwazulu Natal Province, South Africa [Thesis] *Durban: School of Nelson Rholihlahla Mandela School of Medicine, University of KwaZulu Natal; 2018.*

60. **Jukic I, Topic D, Aculic EJ, Dedeic-Ljubovic A.** Frequência e padrão de suscetibilidade antimicrobiana de isolados hospitalares de *Escherichia coli* e *Klebsiella pneumoniae* em amostras de urina. *Ata Medica Salin 2019;49:195-200.*

61. **Karlowsky JA, Jones ME, Draghi DC, Thornsberry C, Sahm DF, Volturo GA.** Prevalência e suscetibilidade antimicrobiana de bactérias isoladas de hemoculturas de pacientes hospitalizados nos Estados Unidos em 2002. *Ann Clin Microbiol Antimicrob 2004;3:7.*

62. **Moraly J, Dahoumane R, Dubee V, Preda G, Baudel JL, Joffre J, et al.** A suscetibilidade à penicilina G em *Staphylococcus aureus* não é assim tão infrequente. *Minerva Anestesiol 2018;84:123-24.*

63. **Chabot MR, Stefan MS, Friderici J, Schimmel J, Larioza J.** Reaparecimento e tratamento de *Staphylococcus aureus* suscetível à penicilina num centro médico terciário. *JAntimicrob Chemother 2015;70:3353-6.*

64. **Resman F, Thegerstrom J, Mansson F, Ahl J, Tham J, Riesbeck K.** A prevalência, a estrutura populacional e a especificidade do teste de rastreio de isolados de bacteremia de *Staphylococcus aureus* susceptíveis à penicilina em Malmo, Suécia. *J Infect 2016;73:129-35.*

65. **Khurana S, Mathur P, Malhotra R.** *Staphylococcus aureus* num hospital terciário indiano: suscetibilidade antimicrobiana e concentração inibitória mínima (CIM) de agentes antimicrobianos. *J Glob Antimicrob Resist 2019;17:98-102.*

66. **Gitau W, Masika M, Musyoki M, Museve B, Mutwiri T.** Padrão de suscetibilidade antimicrobiana de Staphylococcus aureus isolados de amostras clínicas no Hospital Nacional Kenyatta. *BMC Res Notes 2018;11:226.*

67. **Kitara L, Anywar A, Acullu D, Odongo-Aginya E, Aloyo J, Fendu M.** Suscetibilidade antibiótica de *Staphylococcus aureus* em lesões supurativas no Hospital Lacor, Uganda. *Afr Health Sci 2011;11:34-9.*

68. **Fortuin-de Smidt MC, Singh-Moodley A, Badat R, Quan V, Kularatne

R, Nana T, et al. Bacteriemia *por Staphylococcus aureus* em hospitais académicos de Gauteng, África do Sul. *Int J Infect Dis 2015;30:41 -8.*

69. **Hassan EA, Abdel-Rahim MH, Mohamed TH, Azoz NMA, Mohamed ME.** Alguns genes de virulência de *Staphylococcus aureus* isolados de acessos vasculares infectados em pacientes em hemodiálise nos Hospitais da Universidade de Assiut. *Bull Pharm Sci Assiut 2022;45:371-87.*

70. **LART.** Dados de 2017: *S'. aureus* (N=1790). *[Online]. 2018 [Consultado em 21/08/2022], disponível em URL:*
https://www.infectiologie.org.tn/pdf_ppt_docs/resistance/1544218573. pdf

71. **LART.** Dados de 2017: *P. aeruginosa* (N=1968). *[Online]. 2018 [Acedido em 21/08/2022], Disponível em URL:*
https://www.infectiologie.org.tn/pdf_ppt_docs/resistance/1544218416. pdf

72. **Krir A, Dhraief S, Messadi AA, Thabet L.** Perfil bacteriológico e resistência a antibióticos de bactérias isoladas em uma unidade de ressuscitação de queimaduras ao longo de sete anos. *Ann Burns Fire Disasters 2019;32:197-202.*

73. **Gad GF, El-Domany RA, Zaki S, Ashour HM.** Caracterização de *Pseudomonas aeruginosa* isoladas de amostras clínicas e ambientais em Minia, Egito: prevalência, antibiograma e mecanismos de resistência. *J Antimicrob Chemother 2007;60:1010-7.*

74. **Gill MM, Usman J, Kaleem F, Hassan A, Khalid A, Anjum R, et al.** Frequência e antibiograma de multirresistência. *J Coll Physicians Surg Pak 2011;21:531-4.*

75. **Ndip RN, Dilonga HM, Ndip LM, Akoachere JFK, Nkuo Akenji T.** Isolados *de Pseudomonas aeruginosa* recuperados de amostras clínicas e ambientais em Buea, Camarões: situação atual em termos de biotipagem e antibiograma. *Trop MedInt Health 2005;10:74-81.*

76. **Kpoda DS, Soubeiga AP, Karfo-Ouedraogo P, Ouedraogo OG, Gampene MT, Henry-Sangare R, et al.** Etude de la résistance aux antibiotiques des souches cliniques de *Pseudomonas aeruginosa,* isolees au laboratoire national de sante publique de Ouagadougou. *Sci Tech Sci Sante 2021;44:60-8.*

77. **Lob SH, Hoban DJ, Sahm DF, Badal RE.** Diferenças regionais e tendências na suscetibilidade antimicrobiana de *Acinetobacter baumannii. Int J Antimicrob Agents 2016;47:317-23.*

78. **Mellouli A, Maamar B, Bouzakoura F, Messadi AA, Thabet L.** Colonização e infeção com *Acinetobacter baumannii* em uma unidade de ressuscitação de queimaduras na Tunísia. *Ann Burns Fire Disasters 2021;34:218-25.*

79. **Vacaroiu IA, Cuiban E, Geavlete BF, Gheorghita V, David C, Ene CV, et al.** Doença renal crónica - um fator de risco subestimado para a resistência antimicrobiana em doentes com infecções do trato urinário. *Biomedicines 2022;10:2368.*

80. **Majeed HT, Aljanaby AA.** Padrões de suscetibilidade aos antibióticos e prevalência de alguns genes de beta-lactamases de espetro alargado em bactérias Gram-negativas isoladas de doentes infectados com infecções do trato urinário na cidade de Al-Najaf, Iraque. *Avicenna J Med Biotechnol 2019;11:192-201.*

81. **Pop-Vicas A, Strom J, Stanley K, D'Agata EM.** Bactérias gramnegativas multirresistentes em pacientes que necessitam de hemodiálise crónica. *Clin J Am Soc Nephrol 2008;3:752-8.*

82. **Weiner LM, Webb AK, Limbago B, Dudeck MA, Patel J, Kallen AJ, et al.** Agentes patogénicos resistentes aos antimicrobianos associados a infecções associadas aos cuidados de saúde: resumo dos dados comunicados à rede nacional de segurança dos cuidados de saúde nos centros de controlo e prevenção de doenças, 2011-2014. *Infect Control Hosp Epidemiol 2016;37:1288-301.*

83. **Lepape A, Machut A, Savey A.** Reseau national Rea-Raisin de surveillance des infections acquises en reanimation adulte - Methodes et principaux résultats. *Med Intensive Reanim 2018;27:197-203.*

84. **Centros de Controlo e Prevenção de Doenças.** Ameaças de resistência aos antibióticos nos Estados Unidos, 2013. *Atlanta: CDC; 2013.*

85. **Weiner LM, Webb AK, Limbago B, Dudeck MA, Patel J, Kallen AJ, et al.** Agentes patogénicos resistentes aos antimicrobianos associados a infecções associadas aos cuidados de saúde: Resumo dos dados comunicados à Rede Nacional de Segurança dos Cuidados de Saúde nos Centros de Controlo e Prevenção de Doenças, 2011-2014. *Infect Control Hosp Epidemiol 2016;37:1288-301.*

86. **Zacharioudakis IM, Zervou FN, Ziakas PD, Mylonakis E.** Meta-análise da colonização *por Staphylococcus aureus* resistente à meticilina e risco de infeção em pacientes em diálise. *J Am Soc Nephrol 2014;25:2131-41.*

87. **Lu PL, Tsai JC, Chiu YW, Chang FY, Chen YW, Hsiao CF, et al.** Methicillin-resistant *Staphylococcus aureus* carriage, infection and transmission in dialysis patients, healthcare workers and their family members. *Nephrol Dial Transplant 2008;23:1659-65.*

88. **Nguyen DB, Lessa FC, Belflower R, Mu Y, Wise M, Nadle J, et al.** Infecções invasivas *por Staphylococcus aureus* resistentes à meticilina entre pacientes em diálise crónica nos Estados Unidos, 2005-2011. *Clin Infect Dis 2013;57:1393-400.*

89. **Giarola LB, Dos Santos RR, Tognim MC, Borelli SD, Bedendo J.** Frequência de transporte, caraterísticas fenotípicas e genotípicas de Staphylococcus aureus isolados de pacientes em diálise e transplante renal em um hospital no norte do Paraná. *Braz J Microbiol 2012;43:923-30.*

90. **Zinai B, Mallek A** Etude epidemiologique de bacteries multiresistantes (BMR) cas des BLSE et SARM [Master]. *Oum El Bouaghi: Universite Larbi Ben M'hidi, Faculte des Sciences Exactes et des Sciences de La Nature et de la Vie; 2021.*

91. **Al-Orphaly M, Hadi HA, Eltayeb FK, Al-Hail H, Samuel BG, Sultan AA, et al.** Epidemiologia da *Pseudomonas aeruginosa* multirresistente na região do Médio Oriente e do Norte de África. *mSphere 2021;6:e00202-21.*

92. **Richet HM, Mohammed J, McDonald LC, Jarvis WR.** Building communication networks: international network for the study and prevention of emerging antimicrobial resistance (Construir redes de comunicação: rede internacional para o estudo e prevenção da resistência antimicrobiana emergente). *Emerg Infect Dis 2001;7:319-22.*

93. **Cisneros JM, Rodriguez-Bano J.** Bacteremia nosocomial por *Acinetobacter baumannii*: epidemiologia, caraterísticas clínicas e tratamento. *Clin Microbiol Infect 2002;8:687-93.*

94. **Higgins PG, Dammhayn C, Hackel M, Seifert H.** Global spread of carbapenem-resistant *Acinetobacter baumannii. J Antimicrob Chemother 2010;65:233-8.*

95. **Murray BE.** The life and times of the *Enterococcus. Clin Microbiol Rev 1990;3:46-65.*

96. **Wang TZ, Kodiyanplakkal RPL, Calfee DP.** Resistência antimicrobiana em nefrologia. *Nat Rev Nephrol 2019;15:463 -81.*

97. **Zacharioudakis IM, Zervou FN, Ziakas PD, Rice LB, Mylonakis E.** Colonização por enterococos resistentes à vancomicina em doentes em diálise: uma meta-análise da prevalência, factores de risco e significado. *Am J Kidney Dis 2015;65:88-97.*

98. **Nguyen DB, Shugart A, Lines C, Shah AB, Edwards J, Pollock D, et al.** Relatório de vigilância de eventos de diálise da National Healthcare Safety Network (NHSN) para 2014. *Clin J Am Soc Nephrol 2017;12:1139-46.*

99. 1. Broaders E, Gahan CGM, Marchesi JR. Mobile genetic elements of the human gastrointestinal tract: Potential for spread of antibiotic resistance genes. Gut Microbes. 12 Jul 2013;4(4):271-80.

100. Zhang T, Zhang XX, Ye L. Plasmid Metagenome Reveals High Levels of Antibiotic Resistance Genes and Mobile Genetic Elements in Activated Sludge (O metagenoma plasmídico revela níveis elevados de genes de resistência aos

antibióticos e elementos genéticos móveis nas lamas activadas). Gilbert JA, editor. PLoS ONE. 10 Oct 2011;6(10):e26041.

101. MONTAGNAC R, SCHILLINGER F, ELOY C. Prevenção de bacteriémia associada a cateteres venosos centrais em hemodiálise: benefício do tratamento do local de inserção com uma mistura de rifampicina e protamina. Nephrology (Genebra). 2003;24(4):159-65.

102. Pilly E. Maladies infectieuses et tropicales: prepa ECN, tous les items d'infectiologie. 6ª ed., Paris. Paris: Alinea plus; 2019.

103. Gauzit R, Gutmann L, Brun-Buisson C, Jarlier V, Fantin B. Recomendações para a utilização correta dos carbapenemes. Antibiotiques. Dez 2010;12(4):183-9.

104. Recomendações da ISPD sobre peritonite: atualização de 2016 sobre prevenção e tratamento - Philip Kam-Tao Li, Cheuk Chun Szeto, Beth Piraino, Javier de Arteaga, Stanley Fan, Ana E. Figueiredo, Douglas N. Fish, Eric Goffin, Yong- Lim Kim, William Salzer, Dirk G. Struijk, Isaac Teitelbaum, David W. Johnson, 2016 [Internet]. [cite 12 out 2022]. Disponível em: https://journals.sagepub.com/doi/full/10.3747/pdi.2016.00078

105. Beaudreuil S, Hebibi H, Charpentier B, Durrbachr A. Infecções graves em doentes em diálise peritoneal e hemodiálise convencional crónica: peritonite e infecções do acesso vascular. Reanimação. maio de 2008;17(3):233-41.

I want morebooks!

Buy your books fast and straightforward online - at one of world's fastest growing online book stores! Environmentally sound due to Print-on-Demand technologies.

Buy your books online at
www.morebooks.shop

Compre os seus livros mais rápido e diretamente na internet, em uma das livrarias on-line com o maior crescimento no mundo! Produção que protege o meio ambiente através das tecnologias de impressão sob demanda.

Compre os seus livros on-line em
www.morebooks.shop

Printed by Books on Demand GmbH, Norderstedt / Germany